ゲームで学ぶPyxelサナロウ！

Pyxelではじめるレトロゲームプログラミング

リブロワークス [著]
北尾崇 [著・監修]

技術評論社

書籍サポートページ

https://gihyo.jp/book/2025/978-4-297-14657-3

書籍の内容に関する補足説明、訂正情報などは上記サポートページに掲載いたします。

本書をお読みになる前に

本書に記載された内容は、情報の提供のみを目的としています。したがって、本書の記述に従った運用は、必ずお客様ご自身の責任と判断によって行ってください。これらの情報の運用の結果について、技術評論社および著者は如何なる責任も負いません。

本書記載の情報やURLは発刊時のものを掲載していますので、ご利用時には変更されている場合もあります。ソフトウェアはバージョンアップされる場合があり、本書での説明とは機能内容や画面図などが異なってしまうこともあり得ますので、ご了承ください。

以上の注意事項をご承諾いただいた上で、本書をご利用願います。これらの注意事項をお読みいただかずにお問い合わせいただいても、技術評論社および著者は対処しかねます。あらかじめご承知おきください。

● 本書で紹介している商品名、製品名等の名称は、すべて関係団体の商標または登録商標です。
● なお、本文中に™マーク、®マーク、©マークは明記しておりません。

はじめに

レトロゲームプログラミングの世界へようこそ！
この本を手に取ったあなたは、どんな気持ちでページをめくろうとしているのでしょうか？

- プログラミングを はじめてみたい
- Pythonって どんな言語なのかな
- ゲームを 自分で作れる ようになりたい
- レトロゲーム エンジン Pyxel の 使い方を知りたい

どれか一つでも当てはまるなら、この本はあなたにぴったりです！ しかも、ただ知識を詰め込むわけではありません。本書はドット絵やチップチューンサウンドが素敵な**レトロゲーム制作を「遊んで試しながら学べる」**、楽しい内容になっています。

私は、1980年代から90年代のホビーパソコンブームの中でプログラミングを学びました。当時のコンピューターは、今と比べて性能が限られていましたが、制約の中で工夫を重ねることで、コンピューターの仕組みやプログラミングの基本をしっかりと学ぶことができました。
「Pyxel」は、そんな**ホビーパソコン時代のプログラミングの楽しさ**を現代に甦らせた**「レトロゲームエンジン」**です。ただし、単なる懐古主義ではありません。プログラミング言語に、**学びやすく実用性に優れたPythonを採用**し、**絵や音楽を作成できるツールも同梱**して、初心者から上級者まで幅広いニーズに応えるものになっています。

本書では、このPyxelをフル活用して、**プログラミングの考え方**や**Pythonの文法**、アニメーションやキャラクターの衝突判定といった**ゲームの仕組み**、さらにはクラス設計やモジュール分割といった**構造化の手法**まで、実践を通じて楽しく学んでいきます。
本書の構成は、**一歩ずつステップアップ**しながらPythonプログラミングとゲームの作り方を学んでいけるようになっています。各章の内容を簡単にご紹介します。

第1章「プログラミングをはじめよう」と第2章「プログラムを動かしてみよう」では、プログラミング環境を準備したあとに、Pyxel付属のサンプルで遊びながら、プログラムの入力や実行に慣れていきます。

続く、第3章「お絵かきプログラムを作ろう」と第4章「アニメーションを作ろう」では、ゼロから絵をつくるプログラムを作成します。まずは簡単な静止画から始め、最終的にはたくさんのキャラクターが動き回るアニメーションを完成させます。

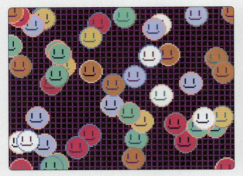 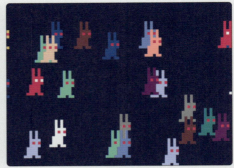

　本書の後半では、第一線のゲームクリエイターが手がけたドット絵や音楽を使った本格的なゲームの作成を通じて、より実践的なプログラミングを学びます。

　第5章「ワンキーゲームを作ろう」 と **第6章「シューティングゲームを作ろう」** では、クラスの使い方や機能の分割方法などを学びながら、多数のキャラクターが登場するゲームを作成します。

 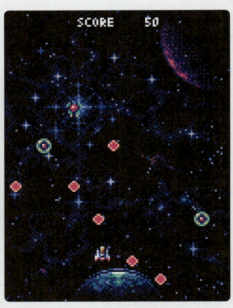

　そして、**第7章「アクションゲームを作ろう」** では、市販ゲームに引けを取らない、マップつきの横スクロールゲームを作成し、**第8章「作ったゲームで遊んでもらおう」** では、作成したゲームを配布する方法を説明します。

　さらに、**付録**では、各章で使用するドット絵や音楽を作成できる Pyxel付属のツール である「Pyxel Editor」の使い方を解説しています。

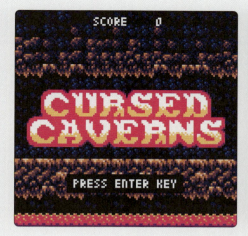

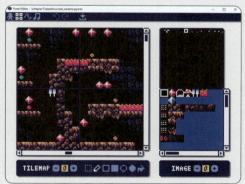

　本書で登場するサンプルゲームは、**プログラミング学習の優れた教材**であると同時に、ゲームのクオリティにも重点を置き、**遊んで楽しい作品**として仕上げています。読者の皆さんには、ゲームを楽しみながら、プログラミングの魅力やアイデアを形にする喜びを存分に味わっていただければ幸いです。

　本書の発行にあたり、多くの方々にご協力いただきました。リブロワークスの内形さんと技術評論社の鷹見編集長には、私の度重なる要望に柔軟に対応いただき大変感謝しております。イラストの野口さん、ドット絵のAdam、音楽の桐岡さんには、こだわり抜いた素晴らしい素材をご提供いただきました。また、友人の平河龍太郎君には、本書の内容に「初心者の視点」から貴重なフィードバックをいただきました。この場を借りて、皆様に厚く御礼申し上げます。

　それでは、レトロゲームプログラミングの世界へ一緒に踏み出しましょう！

2025年1月　北尾 崇

サンプルファイルのダウンロード

　本書で紹介しているPythonのサンプルプログラムやゲームの素材（Pyxelリソースファイル）は、以下のサポートページよりダウンロードできます。

サポートサイト https://gihyo.jp/book/2025/978-4-297-14657-3

　ダウンロードしたファイルはZIP形式で圧縮されていますので、展開してから使用してください。章ごとのフォルダ内に、Pythonのプログラムファイルと Pyxel リソースファイルが収録されています。

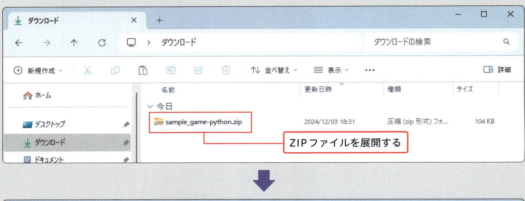

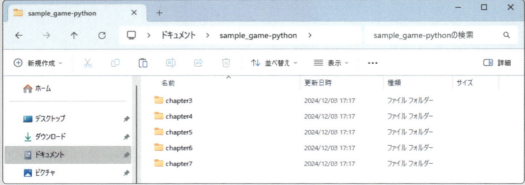

●注意事項

　Pythonのプログラムファイルと Pyxel リソースファイルなどのサンプルファイルの著作権は、著者および株式会社技術評論社が所有しています。個人での学習目的および教育機関内での教育目的にかぎり、改変や流用して使用することは可能です。それ以外の目的でサンプルファイルの二次配布や改変しての再配布、商用利用はご遠慮ください。

登場人物紹介

本書では、プログラミング初心者である「わかば」と一緒に、「ダルタニャン先生」からPythonの基本文法やPyxelを使ったゲームプログラミングについて学んでいきましょう。

ダルタニャン先生

仮面をつけた猫のアイコンが目印の、謎のSNSアカウント。博識で、なんでも丁寧に教えてくれる「先生」。レトロゲームが大好きで、ちょくちょくおすすめしてくる。頼れる存在でありながら、その素性は謎に包まれている。

巳月わかば

文系大学に通っている好奇心旺盛な女子大生。部屋に時々やってくる野良猫「ねこまた」と遊ぶことが最近の楽しみ。将来に向けてプログラミングを学ぶことを決意し、SNSで知り合ったダルタニャン先生に教えを請うことに。

ねこまた

わかばと仲良しの、先がふたまたに分かれたしっぽがチャームポイントの野良猫。タブレットの上で寝るのがお気に入り。時折、タブレットを操作しているように見えることがあるが、わかばは気のせいだと思っている。

CONTENTS

はじめに ……………………………………………… 3

サンプルファイルのダウンロード ……………… 6

登場人物紹介 ………………………………………… 7

CHAPTER 1 プログラミングをはじめよう　11

01 Python × Pyxelでゲームを作ろう　12

02 プログラムの開発環境を準備しよう　17

CHAPTER 2 プログラムを動かしてみよう　29

01 Pythonを対話モードで実行してみよう　31

02 Pyxelのサンプルプログラムを実行しよう　37

CHAPTER 3 お絵描きプログラムを作ろう　51

01 点と線を描画してみよう　53

02 変数を使ってみよう　60

03 関数で複数のキャラクターを並べてみよう　64

04 繰り返し処理でキャラクターを描いてみよう　68

CHAPTER 4 アニメーションを作ろう　75

01	アニメーションの基本を学ぼう	77
02	分岐処理を作ろう	84
03	アニメーションを工夫してみよう	88
04	ウサギの数を増やそう	95

CHAPTER 5 ワンキーゲームを作ろう　105

01	クラスを使ってみよう	108
02	ゲームの初期化処理を作ろう	112
03	画像を表示してみよう	116
04	背景やスコアを描画しよう	124
05	タイトルを表示しよう	130
06	宇宙船を移動させよう	134
07	オブジェクトを配置しよう	144
08	衝突判定を追加しよう	150

CHAPTER 6 シューティングゲームを作ろう　155

01	機能ごとにクラスを分けてゲームを作ろう	158
02	画面遷移の方法を学ぼう	166
03	ミュージックの再生方法を学ぼう	172

04	自機の移動処理を見てみよう	176
05	敵の出現〜移動の処理を見てみよう	180
06	決まった方向に弾を移動させる方法を学ぼう	187
07	ゲームの楽しさが増す衝突判定の作り方を学ぼう	195
08	エフェクトの作り方を学ぼう	202

CHAPTER 7　アクションゲームを作ろう　207

01	プログラムを複数のモジュールに分けるコツを学ぼう	210
02	辞書を使った画面管理方法を学ぼう	216
03	タイルマップとスクロール処理を学ぼう	219
04	タイルの判定方法を学ぼう	228
05	タイルとの接触処理について学ぼう	233
06	壁のすり抜けを防ぐ押し戻し処理を学ぼう	238
07	ジャンプ処理について学ぼう	247
08	敵の出現処理を学ぼう	251

CHAPTER 8　作ったゲームで遊んでもらおう　257

| 01 | ゲームを手軽に遊べるようにしよう | 258 |

付録 ………………………………………………… 263

索引 ………………………………………………… 284

スタッフリスト ………………………………………… 287

Chapter 1
Section 01

Python × Pyxelで
ゲームを作ろう

プログラミングを覚えたいんだけど、プログラミング言語ってたくさんあるよね。どれをはじめるのがいいのかな？ できれば楽しく勉強していきたい！

プログラミング言語は100種類以上あるけど、はじめてプログラミングに挑戦するなら Python（パイソン）がいいと思うよ。

Python？ 名前は聞いたことあるかも。

Pythonはとても学習しやすいプログラミング言語だよ。最新のAIやWeb開発などにも使われていて、とても人気が高いんだ。僕的には、ゲームを作りながら勉強することをオススメするよ。

ゲームを作りながらプログラミングを勉強できるなら楽しそう！

じゃあ、Python × Pyxel（ピクセル）でゲーム作りに挑戦してみよう。

はい！ よろしくお願いします！

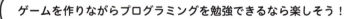

Python × Pyxelでできること

Python（パイソン） は、Web開発、データ分析、AI開発（機械学習）など、幅広い分野で使用されているプログラミング言語です。もう一方の **Pyxel（ピクセル）** は、ドット絵を使ってレトロゲームを作ることができるPython向けの拡張ライブラリです。Pyxelにはドット絵の表示やサウンドの再生、素材を作成するツールなど、レトロゲームを作るために必要な道具が用意されており、Pythonと

Pyxelを組み合わせて使う（Python × Pyxel）ことで、誰でもすぐにゲームプログラミングをはじめることができます。

　本書ではPython × Pyxelでゲームを作りながら、Pythonの基本的なプログラムの書き方や、ゲーム作りに必要なプログラミング知識を学んでいきます。

プログラミングとは

　そもそもプログラミングとは何を行うものなのでしょうか。
　プログラミングとは、コンピュータへの指示（命令）であるプログラムを作る作業のことです。コンピュータは、プログラムがなければただの箱のようなものです。コンピュータは、プログラムに書かれた指示を受けて、さまざまな作業を正確に実行します。
　プログラミングでは、計算を高速に行うだけでなく、画像を表示したり、ロボットを動かしたりすることもできます。また、コンピュータの大幅な性能向上とAI（人工知能）技術の発達により、作曲や自動運転など、従来は人間にしかできないと考えられていた知的な作業もプログラミングで実現することが可能になってきました。

高速な計算　　　作曲や作画　　　ロボット操作　　　自動運転

013

● プログラミング言語とは

コンピュータが理解できる指示は、マシン語（機械語）と呼ばれる言語です。しかし、マシン語は0と1のビット列で表現されているため、人間が扱うのは困難です。そのため、人間でも理解しやすい言葉で指示を作るための道具として、PythonやC言語などのプログラミング言語が用いられます。

プログラムを実行する手順は、プログラミング言語によって異なります。プログラムを事前にマシン語へ変換（コンパイル）して実行するコンパイラ型と、利用時にマシン語に変換しながら実行するインタプリタ型の大きく2種類の方式があります。

コンパイラ型とインタプリタ型

種類	概要	メリット	デメリット
コンパイラ型	C言語、C++、Goなど。事前にプログラムをマシン語に変換してから実行する	実行速度が速い	プログラムを変更した際に再変換が必要なため、試しながら作ることに不向き
インタプリタ型	Python、PHPなど。利用時にプログラムをマシン語に変換しながら実行する	プログラム変更後、すぐに実行できるため、試行錯誤がしやすい	コンパイラ型に比べて実行速度が遅い

現在ほどコンピュータが高速ではなかった時代では、実用的なプログラムを作る場合、実行速度の観点からコンパイラ型のプログラミング言語が採用されることがほとんどでした。しかし、コンピュータの性能が向上した現在では、実行速度よりも開発のしやすさを重視して、インタプリタ型の言語が採用されるケースが増えてきました。

なお、本書で使用するPythonはインタプリタ型のプログラミング言語です。

Pythonの特徴

プログラミング言語には、高速に動作するもの、エラーが起きにくいもの、大きな数字を扱うのが得意なものなど、それぞれ特徴があります。主要なものだけでも、100以上あるといわれるプログラミング言語の中で、近年非常に人気を集めているのがPythonです。

Pythonは1991年にオランダ人のグイド・ヴァン・ロッサム氏によって開発されたプログラミング言語で、Webアプリケーションなどの実用アプリケーションの開発、AI開発、データ分析、プログラミングの教育など、幅広い用途で使用されています。

Pythonには次のような特徴があります。

● シンプルで理解しやすい文法

Pythonでは、シンプルさ、わかりやすさを重視した文法が採用されており、初心者でも読みやすく効率的なプログラムを書きやすいです。

● 誰でも無料で使える

　Pythonはオープンソースソフトウェア（プログラムを一般に公開しているソフトウェア）として、Pythonソフトウェア財団（Python Software Foundation）と世界中のボランティアによって開発が行われており、誰でも無料で使用できます。

● 学習を手助けするドキュメントが豊富

　Pythonはもっとも人気のあるプログラミング言語の1つであり、世界中にたくさんのユーザーがいます。そのため、さまざまな使い方の解説（ドキュメント）がインターネット上で公開されています。初心者がつまずいたときに、解決策を見つけやすい環境が整っています。

● さまざまなライブラリが公開されている

　ライブラリとは、特定の機能（ゲーム開発に使用する機能、学術計算に使用する機能など）を提供するプログラムを1つにまとめたものです。Python向けにさまざまなライブラリが公開されており、近年はAI開発に関連するライブラリが多数公開されています。Pyxelもライブラリの一種で、レトロゲームを作るための機能を提供しています。

Pyxelの特徴

　Pyxelは、ドット絵の表示、サウンドの再生など、レトロゲーム作りには欠かせない機能を提供するライブラリです。また、ドット絵や2Dマップ、サウンドを作るためのツールも同梱されています。

　▪ Pyxel公式サイト
　https://github.com/kitao/pyxel

　Pyxelには次のような特徴があります。

● Pythonでプログラミングできる

　Pyxelの最大の特徴はPythonを使ってプログラミングできることです。PyxelはPythonから使うことを前提に設計されており、Pythonの手軽さや生産性を損なわずに、誰でもすぐにゲームプログラミングをはじめることができます。

● 無料で使える

　PyxelはMITライセンス（https://opensource.org/licenses/MIT）で公開されており、誰でも無料で使用することができます。ゲームを配布するWebサイト、配布するプログラム内などに、「著作権」と「MITライセンスの全文」を記載すれば、作成したゲームを販売したり、プログラミングスクールの教材として利用したりするなど、さまざまな用途でPyxelを自由に使用することができます。

● 覚えることが少ない

　Pyxelはレトロゲームにフォーカスして機能を極力シンプルにすることで、簡単な命令をいくつか覚えるだけでゲームプログラミングができるようになっています。そのため、Pythonのプログラミング学習と非常に相性がよく、日本を含む世界中の学校やプログラミングスクールでPyxelが利用されています。

● マルチプラットフォーム対応

　PyxelはPython同様マルチプラットフォームに対応しています。Pyxelを使ったプログラムは、そのままWindows、macOS、Linuxで動かすことができます。

● 専用ツールが同梱されている

　Pyxelにはゲーム作りに欠かせない絵や音楽を作るための専用ツールが同梱されています。一般的には、ゲームの絵や音楽は別のツールを用意して作成することがほとんどです。しかし、Pyxelの場合は、ライブラリをインストールするだけで、絵や音楽を作るための専用ツール（Pyxel Editor）を使うことができます。

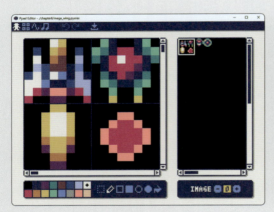

Pyxelは無料で使えて、絵や音を作るツールまで付属しているんだね。

子供たちでもゲームプログラミングが簡単にできるように、必要なものが揃っているんだ。フランスでは400以上の学校が参加するPyxelのプログラミングコンテストも開催されているんだよ。

Chapter 1
Section 02 プログラムの開発環境を準備しよう

さっそくプログラムを書いたり、実行したりするための環境を準備していこう。

プログラムを書くのってパソコンに入ってるメモ帳アプリじゃダメなのかな？

メモ帳でもプログラムは書けるけど、それよりもっとプログラムを書くのに適したテキストエディタがあるんだ。それも無料で使えるから、PythonやPyxelとあわせて準備しよう。

本書の開発環境

本書では次の3つのソフトウェアをインストールして、Python × Pyxelのゲーム作りについて学んでいきます。

- Python
- Pyxel
- Visual Studio Code

Visual Studio Code（VSCode）とは、Microsoft社が開発を行っている無料のテキストエディタです。マルチプラットフォームに対応しており、WindowsやmacOSなどのOSで動作します。また、プログラミングを支援するためのさまざまな機能があり、必要に応じて機能を追加することもできます。

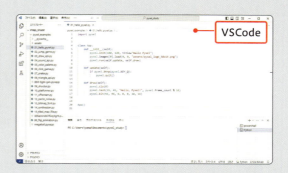

PythonとVSCodeのインストーラーをダウンロードしよう

　PythonとVSCodeのインストールには、インストーラーを使います。インストーラーは、WindowsとmacOSのどちらの環境も同じWebページからダウンロードできます。まずは、Pythonの公式ページ (https://www.python.org/downloads/) からインストーラーをダウンロードしましょう。

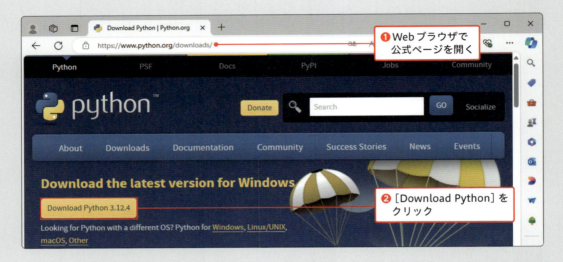

　続いて、VSCodeの公式ページ (https://code.visualstudio.com/) からインストーラーをダウンロードしてください。macOSの場合、インストーラーではなく、アプリケーションのzipファイルがダウンロードされます。

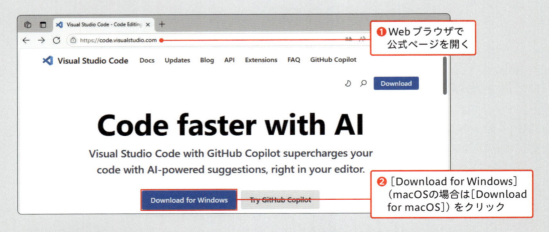

ここからはOSによって手順が少し異なります。macOSの場合はP.22へ進んでください。

Windowsで環境を準備しよう

WindowsにPython、Pyxel、VSCodeをインストールしていきます。

● Pythonのインストール

ダウンロードしたPythonのインストーラーを実行しましょう。最初の画面で［Add python.exe to PATH］にチェックマークを付け忘れないように、注意してください。

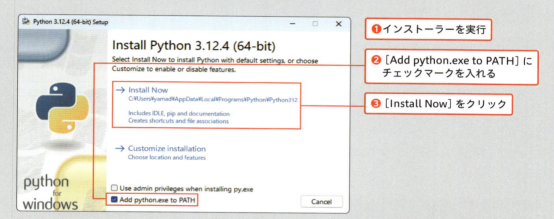

インストールが終了すると「Setup was successful」と表示されるので、［Close］をクリックして画面を閉じます。

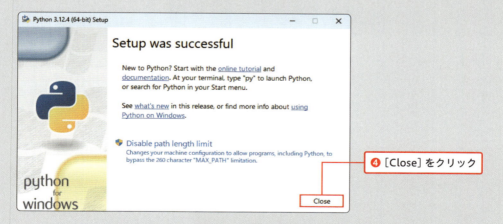

Pythonがインストールされたか、Windowsに標準でインストールされているコマンドプロンプトというアプリケーションを使って確認します。

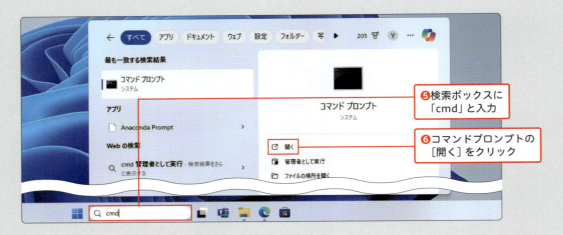

　コマンドプロンプトが表示されるので、プロンプトと呼ばれる「>」のあとに、「python -V」とコマンドを入力して実行しましょう。Pythonがインストールされている場合、Pythonのバージョンが表示されます。

　なお、バージョンが表示されない場合は、P.19手順❷の設定が漏れている可能性があります。あらためてインストーラーで再インストールを行ってください。

● **Pyxelのインストール**

　続いてPyxelをインストールします。コマンドプロンプトで、「pip install -U pyxel」というpipコマンド（P.25）を実行してください。「Successfully」と表示されると、Pyxelのインストールは完了です。

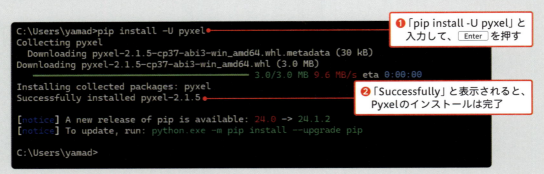

● VSCodeのインストール

最後にVSCodeのインストールです。VSCodeのインストーラーを実行し、手順に沿ってインストールを進めていきましょう。

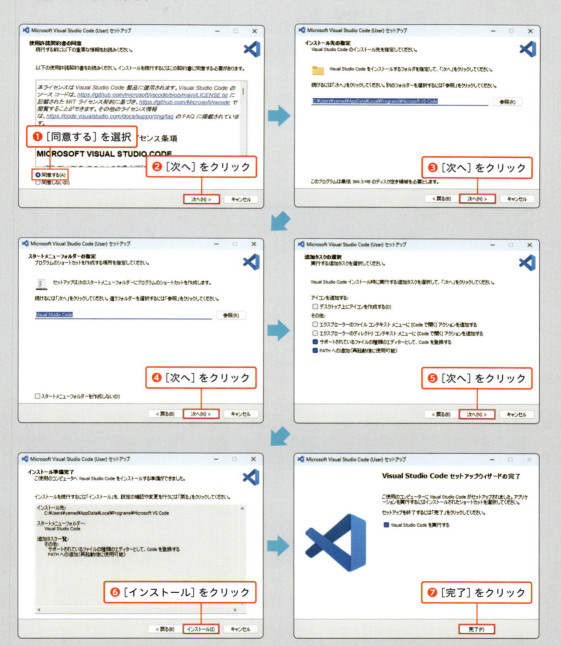

[Visual Studio Codeを実行する]にチェックマークを付けたまま完了をクリックすると、VSCodeが起動します。このあとはVSCodeに拡張機能をインストールしていきますので、P.27に進んでください。

COLUMN　WindowsでVSCodeを実行する方法

VSCodeをインストールするとアプリ一覧に追加されますが、検索から実行することもできます。検索ボックスに「visual」と入力すると、検索結果にVSCodeが表示されます。

❶検索ボックスに「visual」と入力
❷VSCodeの[開く]をクリック

macOSで環境を準備しよう

　macOSにPython、Pyxelをインストールしましょう。macOSには標準でPythonがインストールされていますが、OSがシステムを管理するために使用しています。標準でインストールされているPythonのアップデートや拡張は非推奨なので、別途プログラム作成用にPythonのインストールが必要です。公式ページから最新のインストーラーを取得してインストールを行います。
　また、VSCodeはzipファイルを展開して、アプリケーションフォルダに移動させます。

● Pythonのインストール

それでは、ダウンロードしたPythonのインストーラーを実行して、Pythonのインストールを進めていきましょう。

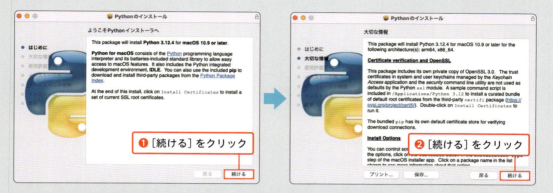

ソフトウェア使用許諾契約の条件に同意が求められるので、[同意する]をクリックします。

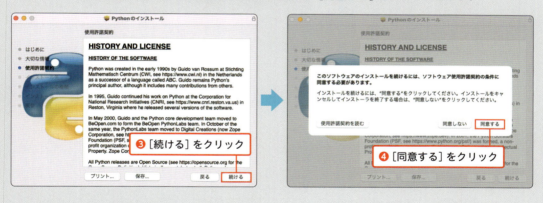

インストールをする際に、アカウントのパスワード入力が求められる場合があります。求められたときは、パスワードを入力してください。

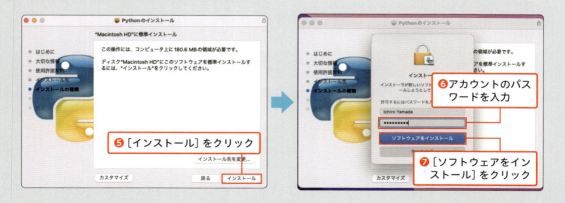

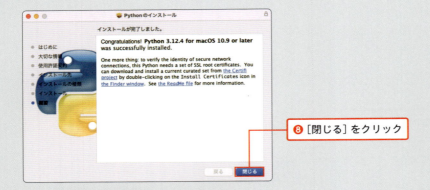

Pythonがインストールされたかをターミナルというアプリケーションを使って確認します。ここではSpotlightを使って、ターミナルを起動しましょう。command+spaceを押してSpotlightを呼び出し、入力欄に「terminal」と入力してください。

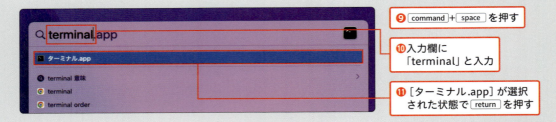

ターミナルが表示されます。プロンプトと呼ばれる「%」のあとに、「python3 -V」とコマンドを入力して実行しましょう。Pythonがインストールされている場合、Pythonのバージョンが表示されます。

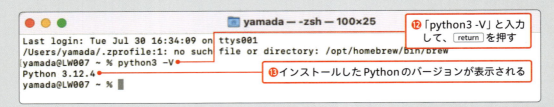

> **COLUMN** Homebrewを使ってPythonをインストールしている場合
>
> Homebrewを使ってすでにPythonをインストールしている場合、インストーラを使ったPythonのインストールは不要です。またP.25でPyxelをインストールしますが、Homebrewを使ったインストールでも問題ありません。詳しくはPyxelの公式サイトを確認してください。

● Pyxelのインストール

　続いて Pyxel をインストールします。ターミナルで、「pip3 install -U pyxel」というpip3コマンドを実行してください。「Successfully」と表示されると、Pyxelのインストールは完了です。

```
yamada@LW007 ~ % pip3 install -U pyxel
Collecting pyxel
  Downloading pyxel-2.1.6-cp37-abi3-macosx_11_0_arm64.whl.metadata (29 kB)
Downloading pyxel-2.1.6-cp37-abi3-macosx_11_0_arm64.whl (3.1 MB)
                              ──────── 3.1/3.1 MB 10.5 MB/s eta 0:00:00
Installing collected packages: pyxel
Successfully installed pyxel-2.1.6

[notice] A new release of pip is available: 24.0 -> 24.2
[notice] To update, run: pip3 install --upgrade pip
yamada@LW007 ~ %
```

❶ 「pip3 install -U pyxel」と入力して、return を押す

❷ 「Successfully」と表示されると、Pyxelのインストールは完了

COLUMN　pipコマンドとpip3コマンド

Pythonをインストールすると、Windowsはpipコマンド、macOSはpip3コマンドが使えるようになります。これらのコマンドはPyxelのようなPython向けの追加パッケージ（ライブラリ）を管理するためのものです。よく使うコマンドとしては、次のようなものがあります。

よく使うpip（pip3）コマンド

コマンド	意味
pip install パッケージ名	指定したパッケージをインストールする
pip uninstall パッケージ名	指定したパッケージをアンインストールする
pip list	pipコマンドでインストールしたパッケージの一覧を表示する

※ macOS の場合は「pip」を「pip3」に読み換えてください

すでにインストール済みのパッケージの新しいバージョンが公開された場合、「pip install -U パッケージ名」もしくは「pip3 install -U パッケージ名」とすることで、更新できます。
なお、pip（pip3）コマンドのバージョンが古い場合、次のような更新を促すメッセージが表示されます。更新をしなくても問題はありませんが、気になる方は案内にしたがってコマンドを実行して更新するとよいでしょう。

```
[notice] A new release of pip is available: 24.0 -> 24.2
[notice] To update, run: pip3 install --upgrade pip
yamada@LW007 ~ %
```

新しいバージョンが出ているので、更新を促すメッセージ

●VSCodeの場所を移動する

　macOSの場合、P.18の手順でVSCodeの公式ページから、zipファイルがダウンロードされます。zipファイルをダブルクリックして展開すると、ダウンロードフォルダにVSCodeが入った状態になります。このままの状態では、別の操作がきっかけでVSCodeを削除してしまう恐れがあります。そのため、VSCodeをアプリケーションフォルダに移動させましょう。

　ダウンロードフォルダを開いている状態で、command＋Nを押して新しいFinderを表示します。

　新しいFinderの画面でアプリケーションフォルダを開きます。

　ダウンロードフォルダからアプリケーションフォルダへVSCodeをドラッグ＆ドロップで移動させます。

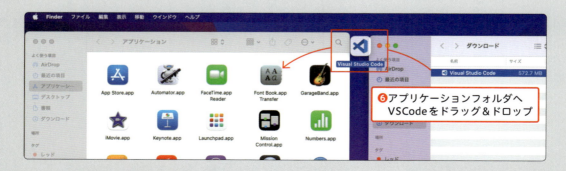

これでVSCodeがアプリケーションフォルダに移動しました。VSCodeを実行するときは、P.24でターミナルを実行したように、Spotlightから「visual」を検索するとよいでしょう。または、アプリケーションフォルダで直接VSCodeのアイコンをダブルクリックしても構いません。

❼ VSCodeがアプリケーションフォルダに移動した

VSCodeで拡張機能をインストールしよう

　ここからはWindowsとmacOSで共通の操作です。VSCodeを実行して、プログラミングをサポートしてくれる拡張機能をインストールしていきます。

　初回起動時は、テーマと呼ばれる画面の色を設定する項目が表示されます。初期状態はダークモダン（Dark Modern）ですが、本書では紙面で見やすいようにライトモダン（Light Modern）を選んだ状態で進めます。どのテーマを選んでもメニューの内容自体は同じなので、お好みのものを選んで構いません。

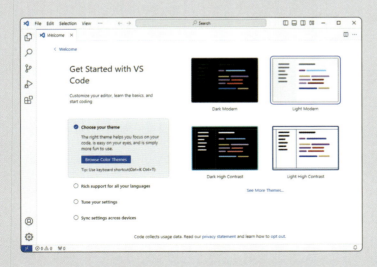

また初期状態はVSCodeのメニューが英語で表示されるため、日本語に変更します。

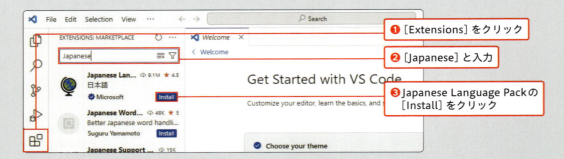

拡張機能のJapanese Language PackをインストールするとVSCodeの再起動が求められます。

VSCodeが再起動し、メニューが日本語で表示されるようになります。続いて、VSCodeでPythonを実行するために必要な拡張機能をインストールしましょう。

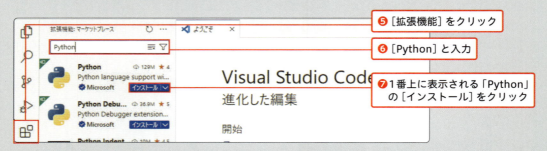

おつかれさま！　VSCodeでPythonのプログラミングをする準備はこれで完了だよ。

やったー！

次の章でPython×Pyxelのプログラムを実際に動かしてみよう。

公式サンプル「Pyxel Platformer」

本格派アクションゲーム！
プログラムをいろいろ
アレンジしてみよう！

Pyxelには複数のサンプルプログラムが付属していて、Pyxelの使い方やゲーム作りの参考にできるんだ。

すごい！ 実際に遊べるゲームも入っているんだ。

Pythonのプログラムを実行する方法を学びつつ、サンプルプログラムを動かしたり、書き換えたりして遊んでみよう。

早く遊んでみたい！

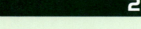

2章の目標

- 対話モードでプログラムを実行できるようになる
- 実行モードでプログラムを実行できるようになる
- プログラムの命令と値を理解する

Chapter 2
Section 01

Pythonを対話モードで実行してみよう

手始めにPythonの基本的なプログラムから試してみよう。

プログラミングは初挑戦なんだけど、大丈夫かな……。

対話モードと呼ばれるもので、1行ずつプログラムを入力して実行していくから簡単だよ。基本といえども、ゲーム作りに欠かせない計算式のプログラムから教えていくね。

よーし、やるぞー！

Pythonの実行方法を学ぼう

Pythonのプログラムを実行する方法として、**対話モード（インタラクティブモード）** と **実行モード（スクリプトモード）** があります。

●**対話モード（インタラクティブモード）**

コマンドプロンプトやターミナルなどに直接プログラムを入力して、結果をすぐに見ることができるモードです。何十行以上もある大量のプログラムを入力するのには不向きですが、短いプログラムを試しに実行したり、Pythonの使い方を確認したりするのに向いています。

●**実行モード（スクリプトモード）**

Pythonのプログラムをファイルに書いて、そのファイルを実行するモードです。何百、何千行とあるプログラムを一度に実行できます。Pyxelを使ってゲームを作るときや、複雑なアプリケーションを作るときなどに向いています。

なお、Pythonのプログラムを書いたファイルには、**py** という拡張子を付けます。Pythonファイルは、メモ帳やVSCodeなどのテキストエディタで作ります。

Chapter 2 Section 01

まずは対話モードで簡単なプログラムを試してから、実行モードでPyxelを使ったゲームを実行してみましょう。

対話モードの起動と終了方法を学ぼう

ここからは対話モードでプログラムを実行していきます。Windowsの場合はコマンドプロンプト、macOSの場合はターミナルを使いますので、コマンドプロンプトはP.20、ターミナルはP.24の方法で起動してください。

Windowsでは、コマンドプロンプトで「python」と入力して Enter を押すと、Pythonが対話モードで起動します。

```
Microsoft Windows [Version 10.0.22631.3880]
(c) Microsoft Corporation. All rights reserved.

C:\Users\yamad>python
Python 3.12.4 (tags/v3.12.4:8e8a4ba, Jun  6 2024, 19:30:16) [MSC
)] on win32
Type "help", "copyright", "credits" or "license" for more information.
>>>
```

❶Windowsでコマンドプロンプトを起動
❷「python」と入力して、Enter を押す

macOSの場合は、ターミナルで「python3」と入力して return を押すと、Pythonが対話モードで起動します。

```
Last login: Fri Aug  2 16:47:47 on console
/Users/yamada/.zprofile:1: no such file or directory: /opt/homebrew/bin/brew
[yamada@LW007 ~ % python3
Python 3.12.4 (v3.12.4:8e8a4baf65, Jun  6 2024, 17:33:18)
win
Type "help", "copyright", "credits" or "license" for more information.
>>>
```

❶macOSでターミナルを起動
❷「python3」と入力して、return を押す

Pythonの対話モードが起動すると、WindowsとmacOSのどちらもPythonのバージョンとともに、入力待ちの状態を表す「>>>」が表示されます。

それでは、試しに「123」と入力して、Enter を押しましょう。以降、macOSをご利用の方は Enter を return に読み換えてください。

```
>>> 123
123
>>>
```

❶「123」と入力し、Enter を押す

実行結果として、「123」が表示されます。Pythonの対話モードを終了するときは、「exit()」と入力し、Enter を押します。

```
>>> exit()

C:\Users\yamad>
```

❶「exit()」と入力し、Enter を押す

Pythonの対話モードを終了すると、再びプロンプトが表示されます。

対話モードでプログラミングしてみよう

プログラムの要素は、何をするかを指示する**「命令」**と命令に使う**「値（データ）」**に大きく分けることができます。例えば、買い物メモで「玉ねぎを3つ買う」と書いてあった場合、「買う」という動作が命令、「何を」「いくつ」にあたる「玉ねぎ」「3」は値になります。

Pythonの対話モードでは値を入力すると、実行結果として値がそのまま出力されます。対話モードに「123」を入力した際に、次の行に「123」と表示されましたが、これは「123」という値をPythonに伝えて、Pythonが実行結果として値を表示しているためです。

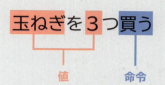

```
>>> 123
123
>>>
```

またプログラムで扱う値には種類があり、この章では**数値**と**文字列**を扱います。数値は計算などに使える整数や小数、文字列は1文字以上の文字が連なった値のことです。先ほど例に挙げた「玉ねぎ」は文字列、「3」は数値にあたります。

●数値を使った計算をしよう

実際に数値を使ってプログラミングをしてみましょう。数値は**算術演算子**と呼ばれる記号を使って式を作ると、計算した結果が表示されます。

算術演算子

算術演算子	働き	例	例の結果
+	足し算（加算）	5 + 3	8
-	引き算（減算）	5 - 2	3
*	掛け算（乗算）	10 * 2	20
/	割り算（除算）	5 / 2	2.5
//	整数除算（小数点以下は切り捨て）	5 // 2	2
%	剰余（割り算の余り）	10 % 3	1
**	べき乗	4**2	16

足し算や引き算は、算数の四則演算と同じく**「+（プラス）」**と**「-（マイナス）」**を使います。Pythonの対話モードを起動して、「5 + 3」「5 - 3」の計算を行ってみましょう。

```
>>> 5 + 3
8
>>> 5 - 3
2
>>>
```

❶ 「5 + 3」と入力して、Enterを押す
❷ 「5 - 3」と入力して、Enterを押す

それぞれ計算結果が表示されます。+演算子は左の値に右の値を足せ、-演算子は左の値から右の値を引け、という意味の命令です。

次に掛け算と割り算も試してみましょう。掛け算は**「*（アスタリスク）」**、割り算は**「/（スラッシュ）」**という記号を使います。

```
>>> 10 * 2
20
>>> 10 / 2
5.0
>>>
```

❶ 「10 * 2」と入力して、Enterを押す
❷ 「10 / 2」と入力して、Enterを押す

割り算の結果は、割り切れて小数点以下が0でも小数で表されます。

続いて、**「//（スラッシュ2つ）」**の整数除算と**「%（パーセント）」**の剰余です。

```
>>> 10 // 3
3
>>> 10 % 3
1
>>>
```

❶ 「10 // 3」と入力して、Enterを押す
❷ 「10 % 3」と入力して、Enterを押す

「10 // 3」は、10÷3で小数点以下を切り捨てるため、結果は3です。対して「10 % 3」は、10÷3の余りを求めるので、結果は1になります。

最後に**「**（アスタリスク2つ）」**を使ったべき乗です。

```
>>> 4 ** 2
16
>>>
```

❶ 「4 ** 2」と入力して、Enterを押す

「4 ** 2」は4の2乗なので、「4 × 4」という式と同じ意味です。

算術演算子はゲーム開発でもよく使うから、使いこなせるようにしておこう。

● 計算の順番に注意しよう

算数の四則演算で、「+」「-」より「×」「÷」を先に計算するように、算術演算子も「+」「-」より「*」「/」が先に計算されます。

❶「2 + 3 * 4」と入力して、Enter を押す

「2 + 3 * 4」は、「3 * 4」を先に計算して、最後に「2 + 12」を計算します。「2 + 3」を先に計算したい場合、**( )で計算の順番を変える**ことができます。

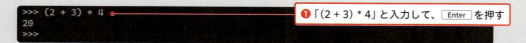

❶「(2 + 3) * 4」と入力して、Enter を押す

( )を使ったことにより、「2 + 3」が先に計算され、最後に「5 * 4」を計算します。
また( )が入れ子になった式も作れます。

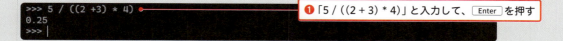

❶「5 / ((2 +3) * 4)」と入力して、Enter を押す

( )が入れ子になっている場合、もっとも内側にある( )から計算するため、「2 + 3」「5 * 4」と計算して最後に「5 / 20」を計算します。

対話モードを電卓代わりにして、さまざまな「数値によるプログラミング」を試してみましょう。長い式を確認しながら入力できるので、電卓アプリとしても便利です。

COLUMN　空白のルール

Pythonでは、数値と算術演算子の間にある Tab や Space などで入力した空白は無視されます。そのため、次の式はいずれも同じ結果が得られます。空白の数はいくつあっても問題ありませんが、読みやすいプログラムにするために、算術演算子の前後は Space で空白を1つ入れることが推奨されています。

```
(2+3)*4
(2 + 3) * 4 ………… 算術演算子の前後は Space で空白を1つ入れることが推奨されている
(2   +   3)   *   4
```

Chapter 2
Section
01

● 文字列を使ってみよう

続いて、文字列を使ったプログラミングをしてみましょう。Pythonでは**「"（ダブルクォーテーション）」**または**「'（シングルクォーテーション）」**で囲んだ範囲を文字列という値として扱います。対話モードで「Hello」という文字列を入力してみます。

```
>>> "Hello"
'Hello'
>>>
```

❶「"Hello"」と入力して、Enterを押す

実行結果も「Hello」と表示されました。「"」と「'」に違いはありませんが、Pythonプログラミングではどちらかに決めて、一貫性を持って使うことが大事とされています。本書では「"」を使って文字列を作ります。

算術演算子の「+」と「*」は文字列にも使えるので試してみましょう。

```
>>> "Hello" + "Python" + "!"
'HelloPython!'
>>> "Python" * 3
'PythonPythonPython'
>>>
```

❶「"Hello" + "Python" + "!"」と入力して、Enterを押す
❷「"Python" * 3」と入力して、Enterを押す

文字列同士を「+」でつないだ場合は、1つの文字列として連結された結果が表示されます。また、文字列と数値を「*」でつないだ場合は、文字列が数字の分だけ繰り返されます。

COLUMN 文字に関するエラー

"Hello"のように文字を「"」で囲むと、文字列という種類の値であることを表します。もし、Helloを「"」で囲まずに実行するとどうなるのでしょうか。

```
>>> Hello
Traceback (most recent call last):
  File "<stdin>", line 1, in <module>
NameError: name 'Hello' is not defined
>>> |
```

❶「Hello」と入力して、Enterを押す
❷エラーメッセージが表示される

プログラムの実行に失敗し、エラーメッセージが表示されます。このNameErrorというエラーメッセージは、「Helloという名前の命令または変数が見つからない」ということを表しています。文字を値として扱いたい場合は、「"」を付け忘れないように注意しましょう。

Chapter 2
Section 02
Pyxelのサンプルプログラムを実行しよう

ここからは実行モードで、Pyxelに付属しているサンプルプログラムを実行してみるよ。

待ってました！　どんなプログラムがあるんだろう。

いろいろな種類のものがあるよ。せっかくだから実行するだけじゃなくて、プログラムを書き換えて見た目や動きをアレンジしてみよう。

プログラムをアレンジ!?　ちょっと緊張しちゃうな。

プログラムの保存場所を準備しよう

　Pyxelに付属しているサンプルプログラムや、以降の章で作るPythonファイルを保存するための作業用のフォルダを準備しましょう。本書では、ドキュメントフォルダに「pyxel_study」フォルダを作り、作業用のフォルダとして使います。

❶ドキュメントフォルダにpyxel_studyフォルダを作る

　続いて、VSCodeを起動し、pyxel_studyフォルダを開きます。メニューバーの［ファイル］から、［フォルダーを開く］をクリックします。

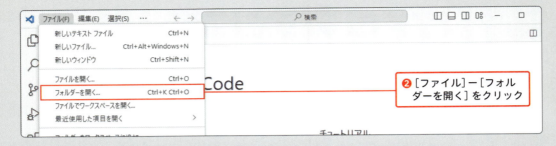

フォルダの選択画面が表示されるので、pyxel_studyフォルダを選んでください。

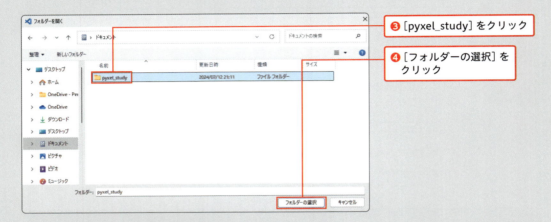

フォルダ内のファイルの作成者を信頼するかを問われるので、[はい、作成者を信頼します]をクリックします。

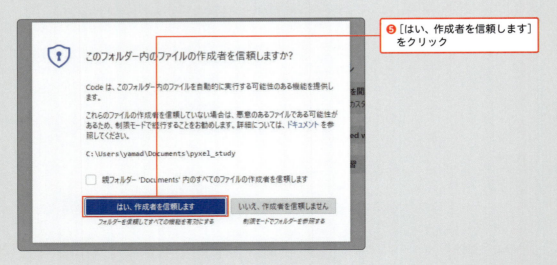

VSCode上のエクスプローラーに、pyxel_studyフォルダが表示されます。

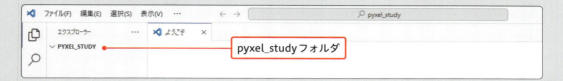

続いて、Pyxelに付属しているサンプルプログラムを実行できるように、サンプルプログラムをpyxel_studyフォルダにコピーします。**Pyxelコマンド**を使ってコピーするため、VSCodeのターミナルを表示させます。メニューの[表示]から[ターミナル]をクリックしましょう。

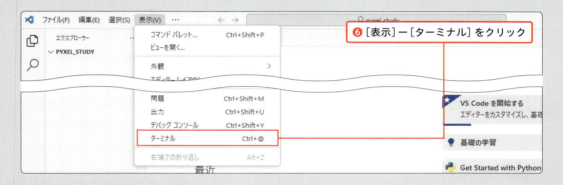

下部にターミナルが表示されます。

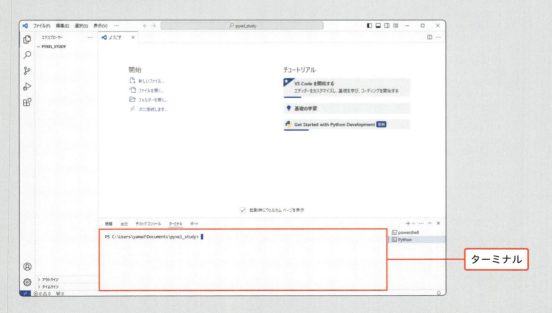

VSCodeのターミナルもWindowsのコマンドプロンプトやmacOSのターミナルと同様に、コマンドを使ってパソコンに命令を送る機能を持っています。またターミナルでは、「>（プロンプト）」の左側にP.38で選んだフォルダのパスが作業中フォルダ（カレントディレクトリ）として表示されます。
　それでは、ターミナルに「pyxel copy_examples」と入力して、サンプルプログラムをコピーしましょう。

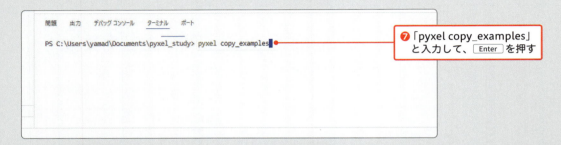

❼「pyxel copy_examples」と入力して、Enterを押す

コマンドを実行すると、pyxel_studyフォルダに「pyxel_examples」フォルダがコピーされ、その中にサンプルプログラムが入った状態になります。

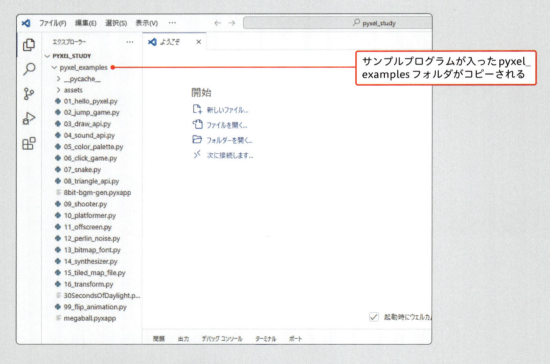

サンプルプログラムが入ったpyxel_examplesフォルダがコピーされる

サンプルプログラムは次の17種類です。

プログラムを動かしてみよう **Chapter 2**

Pyxelに付属するサンプルプログラムの一覧

ファイル名	内容
01_hello_pyxel.py	シンプルなアプリケーション
02_jump_game.py	Pyxelリソースファイルを使ったジャンプゲーム
03_draw_api.py	描画APIのデモ
04_sound_api.py	サウンドAPIのデモ
05_color_palette.py	カラーパレット一覧
06_click_game.py	マウスクリックゲーム
07_snake.py	BGM付きスネークゲーム
08_triangle_api.py	三角形描画APIのデモ
09_shooter.py	画面遷移とMMLを使ったシューティングゲーム
10_platformer.py	マップを使った横スクロールアクションゲーム
11_offscreen.py	Imageクラスによるオフスクリーン描画
12_perlin_noise.py	パーリンノイズアニメーション
13_bitmap_font.py	ビットマップフォント描画
14_synthesizer.py	オーディオ拡張機能によるシンセサイザー
15_tiled_map_file.py	タイルマップファイル（.tmx）の読み込みと描画
16_transform.py	画像の回転と拡大縮小
99_flip_animation.py	flip関数によるアニメーション（非Web環境のみ）

　サンプルプログラムには、Pyxelのさまざまな機能が使われています。本書でPyxelの基本的な使い方を学んだあと、ぜひサンプルプログラムの内容を確認してみてください。

実行モードでプログラムを実行しよう

　サンプルプログラムを実行するには、Pythonファイルを実行モードで実行させる必要があります。Pythonコマンドの入力形式は次のとおりです。

WindowsでPythonファイルを実行する

python　実行したいPythonファイルのパス

macOSでPythonファイルを実行する

python3　実行したいPythonファイルのパス

041

パスとは、ファイルのある場所のことです。現在開いている作業中のフォルダから見たパス（相対パス）を指定する必要があります。

VSCodeでpyxel_studyフォルダを開いている場合、「01_hello_pyxel.py」のパスは「pyxel_examples/01_hello_pyxel.py」です。そのため、次のコマンドで01_hello_pyxel.pyを実行できます。

Windowsで01_hello_pyxel.pyを実行する
```
python pyxel_examples/01_hello_pyxel.py
```

macOSで01_hello_pyxel.pyを実行する
```
python3 pyxel_examples/01_hello_pyxel.py
```

実際に実行してみましょう。

❶Pythonコマンドを入力して、Enterを押す

起動したプログラムは、Esc（macOSはesc）を押すか、ウィンドウの[×]をクリックすると終了します。

しかし、実行するたびにパスを入力するのは大変です。VSCodeでは、ボタンをクリックしてPythonファイルを実行できます。

実行したいPythonファイルを表示している状態で、画面の右上にある「▷」をクリックすると、表示しているPythonファイルが実行されます。

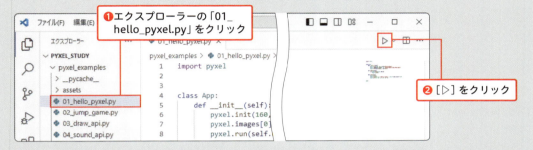

このようにVSCodeは、画面左側のエクスプローラーに開いたフォルダのファイル一覧が表示され、選択したPythonファイルをクリックするだけで実行できるので大変便利です。以降は、VSCodeの[▷]をクリックして、Pythonファイルを実行してください。

> **COLUMN　VSCode以外でPythonファイルを実行する方法**
>
> Windowsのコマンドプロンプトや macOSのターミナルを使って、実行モードでPythonファイルを実行することも可能です。入力するコマンドは、P.41で説明したものと同じです。コマンドプロンプトやターミナルを起動すると、アカウント名のフォルダがカレントディレクトリの状態です。その場合、次のようなコマンドになります。
>
> ```
> python Documents/pyxel_study/pyxel_examples/01_hello_pyxel.py
> ```
>
> カレントディレクトリは、cdコマンドで移動することができます。
>
> ```
> cd Documents/pyxel_study/pyxel_examples
> ```
>
> カレントディレクトリを「Documents/pyxel_study/pyxel_examples」フォルダにすると、次のコマンドで01_hello_pyxel.pyを実行できます。
>
> ```
> python 01_hello_pyxel.py
> ```

Chapter 2
Section
02

画面に表示される文字を変更してみよう

ここからは実際に、Pyxelに付属しているサンプルプログラムを書き換えてみましょう。
VSCodeのエクスプローラーで01_hello_pyxel.pyをクリックし、プログラムを表示させてください。

❶ [01_hello_pyxel.py] をクリック
して、プログラムを表示

01_hello_pyxel.py

```
001  import pyxel
002
003
004  class App:
005      def __init__(self):
006          pyxel.init(160, 120, title="Hello Pyxel")
007          pyxel.images[0].load(0, 0, "assets/pyxel_logo_38x16.png")
008          pyxel.run(self.update, self.draw)
009
010      def update(self):
011          if pyxel.btnp(pyxel.KEY_Q):
012              pyxel.quit()
013
014      def draw(self):
015          pyxel.cls(0)
016          pyxel.text(55, 41, "Hello, Pyxel!", pyxel.frame_count % 16)
017          pyxel.blt(61, 66, 0, 0, 0, 38, 16)
018
019
020  App()
```

01_hello_pyxel.pyは空白行を含めても全部で20行です。ここでは、16行目の「"Hello, Pyxel!"」

044

を「"Yamada Ichiro"」に書き換えてみます。読者の皆さんもご自身のアルファベット表記の名前に書き換えてみてください。

```
016    pyxel.text(55, 41, "Yamada Ichiro", pyxel.frame_count % 16) …… 赤字部分を書き換える
```

書き換えたあとは、Ctrl+S（macOSはcommand+S）を押して、変更を保存します。変更を保存していない場合、タブに「●」が表示されますが、保存すると「●」が消えます。

変更を保存したら、再度01_hello_pyxel.pyを実行してみましょう。

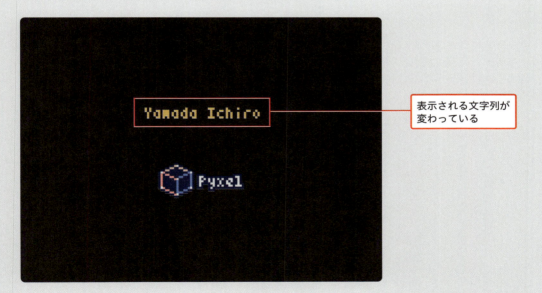

表示される文字列が変わっている

画面に表示される文字が変わったことを確認できます。
なお、**pyxel.text**という命令で画面に文字を表示させていますが、数値とアルファベット以外の文字を表示することができません。そのため、16行目の「"Hello, Pyxel!"」を「"山田一郎"」などと日本語に書き換えた場合、文字は表示されないので注意してください。

Chapter 2 Section 02

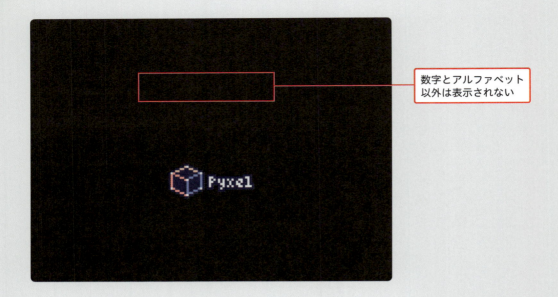

数字とアルファベット
以外は表示されない

COLUMN　日本語を画面に表示したいとき

Pyxelのサンプルプログラムの「13_bitmap_font.py」では、ビットマップフォントという形式のフォントを使って、画面に数字とアルファベット以外の文字を描画しています。Pyxelを使ったゲーム作りで、画面に日本語を表示させたい場合は、こちらのサンプルを参考にしてください。

プレイヤーを無敵にしよう

　10_platformer.pyは、遺跡を冒険するアクションゲームです。Pyxelのサンプルプログラムの中ではもっとも本格的なゲームで、3種類の敵キャラクターや複雑な形状のマップがプレイヤーの行く手を阻みます。プレイヤーは ← → で移動し、 Space を連打で空を飛びます。

　プレイヤーが敵キャラクターや攻撃に当たったときと、ステージから落ちてしまったときに、スタート地点から再開となります。プログラムを改変して、プレイヤーを無敵にしてみましょう。

　プレイヤーが敵キャラクターや攻撃に当たったとき、262行目でgame_over関数という処理が実行されると、スタート地点から再開します。262行目が実行されないように、「#（ハッシュ文字）」を追加してみます。

10_platformer.py（一部抜粋）

```
254    def update(self):
255        if pyxel.btn(pyxel.KEY_Q):
256            pyxel.quit()
257
258        player.update()
259
260        for enemy in enemies:
261            if abs(player.x - enemy.x) < 6 and abs(player.y - enemy.y) < 6:
262                # game_over()　………　#を追加する
263                return
264
```

次ページに続く

```
265            enemy.update()
266
```

　変更を保存して実行すると、プレイヤーが敵キャラクターに当たっても、そのままゲームが継続します。これはプレイヤーと敵が当たったときに実行する、リスタートのプログラムが無効になったからです。
　Pythonでは、「#」がついた箇所から行末までは**コメント**と呼ばれ、プログラムとして実行されなくなります。プログラムの説明文を書くときや、一時的にプログラムの一部を無効にしたいときに使います。行頭に「#」を付けた場合、その行すべてがコメントになります。
　なお、プログラムをコメントにして無効化することを**コメントアウト**といいます。

```
# プログラムの説明文
player_x = 0    # 行の途中から改行までをコメントにする
```

　また、複数行のプログラムを無効化するときは「"""（ダブルクォーテーション3つ）」または「'''（シングルクォーテーション3つ）」で囲みます。

```
"""
プログラムの説明文1
プログラムの説明文2
"""
```

> **COLUMN** サンプルプログラムの動きを参考にしよう

サンプルプログラムからは、Pyxelのさまざまな機能を学ぶほかにも、ゲームの表現方法も学ぶことができます。
例えば、「02_jump_game.py」は、現れる踏み台でひたすらジャンプし続けるゲームで、プレイヤーを←→で動かします。プレイヤーが踏んだ踏み台は下に落下したり、取得したフルーツによってスコアが変わったりします。

また、「06_click_game.py」は、画面の中を移動する円をクリックするだけのゲームです。円をクリックすると、弾けた円が放射線状に広がる動きは、アニメーション作りの参考になるでしょう。

Chapter 2 Section 02

まとめ

Pythonのプログラムを実行してみてどうだった？

プログラムを実行するのって難しそうなイメージだったけど、実際にやってみると簡単だね。VSCodeはボタンをクリックするだけだし。

やってみると簡単にできることがわかるよね。ここでは2つのサンプルプログラムをアレンジしたけど、ほかのサンプルプログラムもゲーム作りの参考になるから、実行しておくといいよ。

02_jump_game.py も楽しそうなので、あとで遊んでみます！

この章で学んだこと

- **対話モードでプログラムを実行する方法**
  - python（python3）コマンドで対話モードを起動する
- **実行モードでプログラムを実行する方法**
  - python（python3）コマンドでPythonファイルを実行する
  - VSCodeでPythonファイルを実行する
- **数値や文字列を使ったプログラムを実行する**
  - 数値と算術演算子を使って計算する
  - 「"」で文字列を作る
  - 「#」でコメントを入れる

お絵描きプログラム「スマイルズ」

絵心がなくても大丈夫！
プログラムでキャラクターを
描いてみよう！

それじゃ今度は、Pyxelを使って絵を描いてみよう！

絵を描くの？　あまり得意じゃないんだけど……。

大丈夫。実際に絵を描くのはプログラムだし、簡単な図形の組み合わせだけでこんな複雑な画面も作れるんだよ。

まるでゲームの画面みたい！

3章の目標

- Pyxelで画面を表示できるようになる
- 線や丸などを使って絵を描く
- 変数や関数、繰り返し処理などの使い方を理解する

Chapter 3
Section 01 点と線を描画してみよう

ここからは新しいファイルにゼロからプログラムを作っていくから、フォルダを作ってファイルを管理しやすくしよう。

たくさんファイルがあるとわかりにくくなるものね。

そうだね。章ごとのフォルダを作って、そこにPythonファイルを置くようにしよう。

VSCodeでフォルダとファイルを作ろう

pyxel_studyフォルダに、新しいフォルダを追加しましょう。まずは、VSCode上のエクスプローラーで［新しいフォルダー］をクリックします。

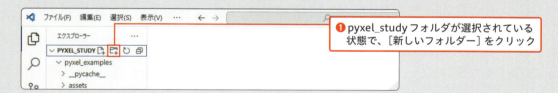

❶ pyxel_studyフォルダが選択されている状態で、［新しいフォルダー］をクリック

新しいフォルダが追加されるので、「chapter3」と名前を入力しましょう。

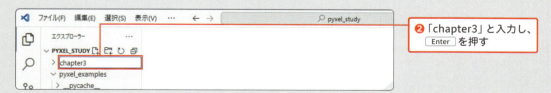

❷「chapter3」と入力し、Enter を押す

続いて、［chapter3］フォルダに新しいファイルを追加します。［chapter3］フォルダをクリックし、［新しいファイル］をクリックします。

新しいファイルが追加されるので、「drawing1.py」と入力します。

drawing1.pyが作成されました。これでプログラムを入力する準備は完了です。以降の章も同じ方法で、フォルダとファイルを作ってください。

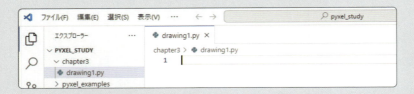

プログラムを書いて実行しよう

プログラムの意味はのちほど説明するので、次のプログラムを入力して実行してみましょう。

drawing1.py

```
001  import pyxel                                    Pyxelを読み込む
002
003  pyxel.init(160, 120, title="Pyxel Drawing")     画面を初期化する
004
005  pyxel.pset(10, 10, 7)                           点を描く
006  pyxel.line(150, 10, 10, 110, 8)                 線を描く
007
008  pyxel.show()                                    画面を表示する
```

プログラムの実行は、P.43と同じように画面右上の [▷] をクリックして実行しましょう。もし、Pythonコマンドで実行したい場合は、VSCodeのターミナルに「python chapter3/drawing1.py」と入力してください。

実行すると画面が表示され、左上に白い点、右上から左下に向かって赤い線が描画されます。

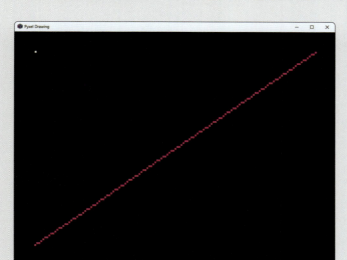

プログラムを確認していきましょう。Pyxelの機能を使うためには、事前に読み込みを行う必要があります。そのため、1行目では**import（インポート）文**を使って、pyxelモジュールを読み込みます。

```
001  import pyxel
```

3行目の**pyxel.init関数**は画面を初期化し、8行目の**pyxel.show関数**は画面を表示します。pyxel.init関数は、**引数（ひきすう）**と呼ばれる値を受け取り、受け取った引数の値を使って画面を初期化します。

 pyxel.init関数　画面を初期化する
- 書式　`pyxel.init(width, height, title=文字列)`
- 引数　width：画面の幅を指定する数値
　　　　height：画面の高さを指定する数値
　　　　title：ウィンドウに表示されるタイトルの文字列。省略可能
- 例　`pyxel.init(160, 120, title="Pyxel Drawing")`
　　　画面の幅を160、高さを120、タイトルを「Pyxel Drawing」で初期化する

 pyxel.show関数　画面を表示し、Escが押されるまで待機する
- 書式　`pyxel.show()`
- 引数　なし

055

関数とは複数の処理を1つにまとめて名前を付けたものです。関数を実行することを**呼び出す（呼ぶ）**といい、関数を呼び出すときは関数に応じた値を引数として渡します。関数は関数名のあとに（）を付け、（）の中に引数を「, (カンマ)」で区切って書きます。

関数名(引数1, 引数2, ...)

なお、点と線の描画は5、6行目で行っています。白の点を描いているのは**pyxel.pset関数**、斜めの赤線を描いているのは**pyxel.line関数**です。pyxel.pset関数とpyxel.line関数の引数の意味は、P.58で説明します。

● Pyxelがレトロ感を表現する仕組み

レトロゲームの特徴として、ドット絵（ピクセルアート）を使うことが挙げられます。しかし、近年のディスプレイ（モニター）は、きめが細かく、ドット絵をそのままの状態で表示しようとすると画面がとても小さくなってしまう場合があります。そのため、Pyxelにはディスプレイに合わせて自動的にドット絵を拡大して表示する仕組みがあります。

画面を構成する点のことを**画素（ピクセル）**といい、ピクセル数が多いほど精密な表現が行えます。パソコンのディスプレイやスマホの画面などの**解像度**は、「横方向のピクセル数×縦方向のピクセル数」のことです。例えば、解像度が1920x1080ピクセルのディスプレイは、横方向に1920と縦方向に1080の物理ピクセルを持っています。このような解像度が高いディスプレイでも、Pyxelはドット絵の大きさを自動的に調整してくれるので、実行する環境の解像度を気にせずにレトロゲームを作ることができます。

この本では、ゲーム開発用のライブラリは「Pyxel」、画面を構成する点は「ピクセル」と、表記を分けて説明するから、混同しないように気を付けよう。

● Pyxelで描画位置と色を指定する方法

　画面に点と線を描画するためには、位置を指定する必要があります。画面の横位置を**X座標**、縦位置を**Y座標**といい、点や線などの描画位置は座標で指定します。画面の左上が、X座標0、Y座標0です。X座標は右方向に、Y座標は下方向に向かって大きくなります。

　なお、座標は(X座標, Y座標)と表記することもあり、X座標0、Y座標0の場合は(0, 0)となります。

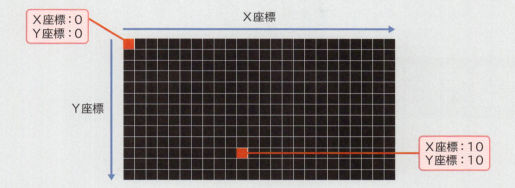

　またPyxelでは、あらかじめ使える色が16色と決められており、**色番号で使う色を指定**します。P.41で説明したサンプルプログラムのうち、「05_color_palette.py」を実行すると使える色とその色番号を確認することができます。

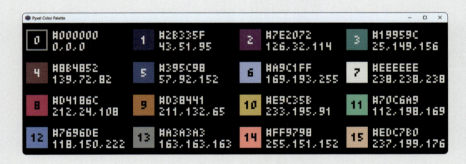

　色の上に書かれている番号が色番号です。上記のとおり、各色に0～15までの番号が振られています。

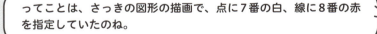

ってことは、さっきの図形の描画で、点に7番の白、線に8番の赤を指定していたのね。

うん、そうだね。この色番号は以降のプログラムでも使うから覚えておこう。

COLUMN　カラーコード

コンピュータ上では、色の情報を数字やアルファベットなどを使ったカラーコードで表現します。代表的なカラーコードは、HEXカラーコード（16進数）とRGBカラーコードです。HEXカラーコードは、頭に#を付け、0～9の数字とA～Fのアルファベットを6個組み合わせて表現します。また、RGBカラーコードは、0～255の数値を3つ組み合わせて表現します。
「05_color_palette.py」では、色番号に対応するHEXカラーコードとRGBカラーコードも表示されます。

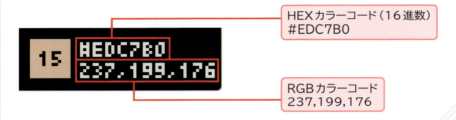

さまざまな図形を描画しよう

　P.54では、pyxel.pset関数で点、pyxel.line関数で線を描画しました。この2つ以外にも、四角を描画するpyxel.rect関数、丸を描画するpyxel.circ関数などがあります。

図形を描画する関数

図形の形	関数
点	pyxel.pset(X座標, Y座標, 色番号)
線	pyxel.line(始点のX座標, 始点のY座標, 終点のX座標, 終点のY座標, 色番号)
円	pyxel.circ(円の中心のX座標, 円の中心のY座標, 半径, 色番号)
円の輪郭	pyxel.circb(円の中心のX座標, 円の中心のY座標, 半径, 色番号)
四角	pyxel.rect(左上のX座標, 左上のY座標, 幅, 高さ, 色番号)
四角の輪郭	pyxel.rectb(左上のX座標, 左上のY座標, 幅, 高さ, 色番号)

　図形によって基準の位置が異なる点に気を付けましょう。四角は左上が基準位置ですが、円の場合は中心が基準位置です。
　これらの関数を実際に使ってみましょう。

お絵描きプログラムを作ろう　Chapter 3

📄 **drawing2.py**

```
001  import pyxel
002
003  pyxel.init(160, 120, title="Pyxel Drawing")
004
005  pyxel.pset(10, 10, 7)              点を描く
006  pyxel.line(10, 20, 80, 20, 8)      線を描く
007  pyxel.circ(20, 50, 10, 11)         円を描く
008  pyxel.circb(50, 50, 10, 11)        円の輪郭を描く
009  pyxel.rect(10, 80, 20, 10, 13)     四角を描く
010  pyxel.rectb(40, 80, 20, 10, 13)    四角の輪郭を描く
011
012  pyxel.show()
```

　pyxel.circ関数とpyxel.rect関数は中が塗りつぶされた図形を描画します。対して、pyxel.circb関数とpyxel.rectb関数は中は塗りつぶさずに、輪郭だけを描画します。

いろんな図形があるのね。

ほかにも三角形や楕円を描画する関数もあるけど、ひとまずは点、線、円、四角の4つの描き方をマスターしよう。

059

Chapter 3
Section 02 変数を使ってみよう

図形を描く方法はわかったけど、もっと複雑な絵を描く方法はあるの？

プログラムで複数の描画命令を組み合わせれば複雑な絵も描けるよ。さっきの命令を使って、レトロゲームに出てきそうなキャラクターを描いてみよう。

それなら可愛いキャラクターを描きたいな。

図形だけでキャラクターを描こう

　絵の具を塗り重ねるように、描画命令を順番に実行することで、図形の上に図形を描画できます。図形の描画順と位置を工夫することで、キャラクターを描くことも可能です。次のプログラムは、P.58で説明した描画命令しか使っていませんが、実行するとレトロゲームに登場しそうなキャラクターを描画できます。

drawing3.py

```
001  import pyxel
002
003  pyxel.init(160, 120, title="Pyxel Drawing")
004
005  pyxel.circ(80, 60, 8, 3)         ……… ①円を描く
006  pyxel.circb(80, 60, 8, 7)        ……… ②円の輪郭を描く
007  pyxel.line(76, 57, 76, 60, 0)    ……… ③線を描く（左側の目）
008  pyxel.line(82, 57, 82, 60, 0)    ……… ④線を描く（右側の目）
009  pyxel.line(76, 63, 82, 63, 0)    ……… ⑤線を描く（口）
010  pyxel.pset(75, 62, 0)            ……… ⑥点を描く（口の左端）
011  pyxel.pset(83, 62, 0)            ……… ⑦点を描く（口の右端）
012
013  pyxel.show()
```

お絵描きプログラムを作ろう **Chapter 3**

　pyxel.circ、pyxel.circb、pyxel.line、pyxel.psetの4種類の関数を組み合わせて描画しています。pyxel.circとpyxel.circbで指定しているX座標とY座標は同じですが、水色で円を描画したあと（①）、白で円の輪郭を描画する（②）ことで、中を塗りつぶした円に輪郭線を付けられます。そのあと、顔のパーツである目や口を重ねていきます。

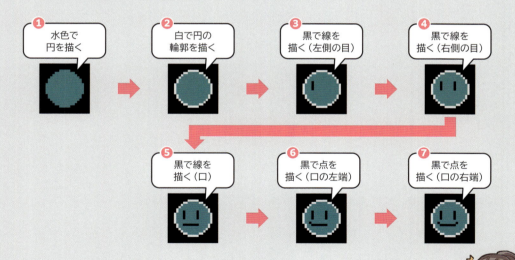

本当にキャラクターが描けちゃった！

①と②の順番が逆になったり、③〜⑦と①の順番が逆になったりすると、水色の円で塗りつぶされてしまうんだ。図形を重ねるときは、描画の順番に注意しよう。

061

使い回す値は変数に入れよう

円や線を描画してキャラクターを描画できましたが、位置を調整したいときに1つずつ引数の値を変えていくのは手間がかかります。1つでも位置がズレてしまうと、絵が崩れてしまいます。

そのため、キャラクターの基準位置を**変数**に入れておくと、あとからキャラクターの表示位置を調整しやすくなります。変数は、数値や文字列などの値を入れておく箱のようなものです。変数に値を入れることを**代入**といい、「x = 100」とすると変数xに100を代入します。「=（イコール）」には、右側にある値や式の結果を左側の変数に入れる働きがあります。

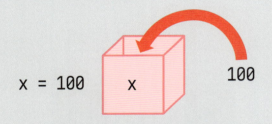

今度は変数を使ってキャラクターを描画してみましょう。

drawing4.py
```
001  import pyxel
002
003  pyxel.init(160, 120, title="Pyxel Drawing")
004
005  x = 80  # キャラクターの基準位置のX座標
006  y = 60  # キャラクターの基準位置のY座標
007  body_color = 3  # 体の色
008  outline_color = 7  # 輪郭線の色
009  face_color = 0  # 顔パーツの色
010
011  pyxel.circ(x, y, 8, body_color)
012  pyxel.circb(x, y, 8, outline_color)
013  pyxel.line(x - 4, y - 3, x - 4, y, face_color)
```

変数を作り、値を代入する

```
014    pyxel.line(x + 2, y - 3, x + 2, y, face_color)
015    pyxel.line(x - 4, y + 3, x + 2, y + 3, face_color)
016    pyxel.pset(x - 5, y + 2, face_color)
017    pyxel.pset(x + 3, y + 2, face_color)
018
019    pyxel.show()
```

　実行するとdrawing3.pyと同じ結果が得られます。キャラクターの顔は円で描画しているため、円の中心位置を基準位置としています。円の中心位置は(80, 60)なので、変数xに80、変数yに60を代入しています。

　左側の目の線は、始点の座標が(76, 57)、終点の座標が(76, 60)です。76-80（線の始点のX座標 - 基準位置のX座標）は -4 になるので、線の始点のX座標は変数x-4と表せます。同じように、57-60（線の始点のY座標 - 基準位置のY座標）は -3 になるので、線の始点のY座標は変数y-3と表せます。

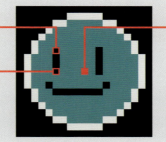

キャラクターの位置を変えたいときは、変数xと変数yの値を変えるだけでOKだよ。値を変えて、位置が変わることを確認してみよう。

COLUMN　Pythonの変数名のルール

　Pythonでは変数名に、アルファベットのa～zとA～Z、数字の0～9、_（アンダースコア）を使います。基本的には、アルファベットの小文字のみの名前にし、複数の単語を含む場合は_で区切ります。また、値を書き換えない変数（定数）を作る場合は、区別しやすいようにすべて大文字のアルファベットで名前を付けます。

　値を書き換える変数の場合：player、player_x、player_yなど
　定数の場合：MAX_X、MAX_Yなど

　なお、先頭が数字の名前と、「def」や「for」などのPythonであらかじめ用途が決められた単語（キーワード）は、変数名にできないので注意しましょう。

Chapter 3
Section 03
関数で複数のキャラクターを並べてみよう

ゲームだと敵キャラクターやアイテムとかがいっぱい出てくるけど、どうやって描けばいいと思う？

そういえば……プログラムをコピペして、描画命令をたくさん書けばいいのかな。

それでも大丈夫だけど、関数を使うと楽ができるから、関数の使い方を学んでみよう。

プログラムを複製してキャラクターを増やそう

まずは、drawing4.pyで作ったキャラクターを描画するプログラムをコピー＆ペーストして、2体のキャラクターを描画してみましょう。

drawing5.py

```
001  import pyxel
002
003  pyxel.init(160, 120, title="Pyxel Drawing")
004
005  # キャラクター1を描く
006  x = 45
007  y = 40
008  body_color = 3
009  edge_color = 7
010  face_color = 0
011
012  pyxel.circ(x, y, 8, body_color)
013  pyxel.circb(x, y, 8, edge_color)
014  pyxel.line(x - 4, y - 3, x - 4, y, face_color)
```

お絵描きプログラムを作ろう Chapter 3

```
015     pyxel.line(x + 2, y - 3, x + 2, y, face_color)
016     pyxel.line(x - 4, y + 3, x + 2, y + 3, face_color)
017     pyxel.pset(x - 5, y + 2, face_color)
018     pyxel.pset(x + 3, y + 2, face_color)
019
020     # キャラクター2を描く
021     x = 115
022     y = 80
023     body_color = 8
024     edge_color = 15
025     face_color = 0
026
027     pyxel.circ(x, y, 8, body_color)
028     pyxel.circb(x, y, 8, edge_color)
029     pyxel.line(x - 4, y - 3, x - 4, y, face_color)
030     pyxel.line(x + 2, y - 3, x + 2, y, face_color)
031     pyxel.line(x - 4, y + 3, x + 2, y + 3, face_color)
032     pyxel.pset(x - 5, y + 2, face_color)
033     pyxel.pset(x + 3, y + 2, face_color)
034
035     pyxel.show()
```

　6〜10行目で作った変数は、21〜25行目でキャラクター2を描画するために、値を再代入しています。そのため、位置と色を変えてキャラクター2を描画できます。

コピペでも行数が多いと面倒だし、読みにくいね。

065

Chapter 3 Section 03

だよねぇ。プログラムのコピーが面倒なことがわかったところで、同じことを関数を使ってやってみよう。

関数を作ってみよう

PythonやPyxelにはあらかじめさまざまな関数が用意されていますが、独自の関数を作ることも可能です。関数を作るときは**def（デフ）**を使い、関数名と関数が受け取る引数名を書きます。また関数内で行う処理は、行の先頭に空白を入れて字下げします。このように行頭を字下げすることを**インデント**、同じインデントの範囲を**ブロック**と呼びます。Pythonでは、通常半角スペース4つ分入力してインデントします。

なお、関数を作ることを**関数定義**といいます。

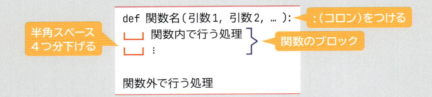

キャラクターを描く処理を関数にしてみましょう。x、y、body_color、outline_color、face_colorという5つの引数を受け取る、draw_character関数を定義します。

drawing6.py

```
001  import pyxel
002
003
004  # キャラクターを描く関数（X座標,Y座標,体の色,輪郭線の色,顔の色）
005  def draw_character(x, y, body_color, outline_color, face_color):   ……… 関数定義
006      pyxel.circ(x, y, 8, body_color)
007      pyxel.circb(x, y, 8, outline_color)
008      pyxel.line(x - 4, y - 3, x - 4, y, face_color)
009      pyxel.line(x + 2, y - 3, x + 2, y, face_color)
010      pyxel.line(x - 4, y + 3, x + 2, y + 3, face_color)
011      pyxel.pset(x - 5, y + 2, face_color)
012      pyxel.pset(x + 3, y + 2, face_color)
013
014
015  pyxel.init(160, 120, title="Pyxel Drawing")
016  draw_character(45, 40, 3, 7, 0)   ………  関数を呼び出してキャラクター1を描く
```

```
017    draw_character(115, 80, 8, 15, 0) ………  関数を呼び出してキャラクター2を描く
018    pyxel.show()
```

実行するとP.65と同じ結果が得られます。ここまでのプログラムは上から順番に実行されました。しかし、5～12行目は関数定義であり、呼び出されないかぎり処理は実行されません。16、17行目でdraw_character関数が呼び出されたとき、5～12行目のプログラムが実行されます。

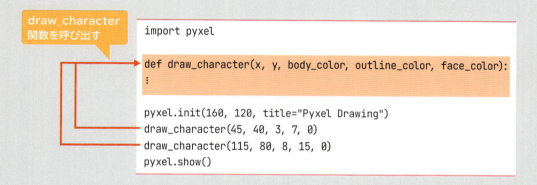

また、draw_character関数は5つの引数を受け取るため、呼び出すときに5つの値を指定する必要があります。関数を呼び出す際に指定した値は、先頭から順に、定義された引数に入ります。

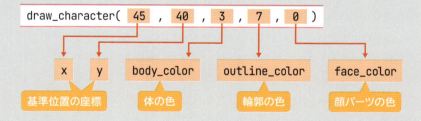

引数を指定する順番を間違えると、意図しない結果になってしまうので注意しましょう。

> **COLUMN　キーワード引数**
>
> pyxel.init関数を呼び出すとき、第3引数は「title="Pyxel Drawing"」のような形式になっています。これは**キーワード引数**と呼ばれるもので、引数title（変数title）に「"Pyxel Drawing"」を入れることを指定するものです。
>
> ```
>   pyxel.init(160, 120, title="Pyxel Drawing")
> ```
>
> なお、上記の160や120のように、値のみを渡す引数は**位置引数**といいます。

Chapter 3
Section 04
繰り返し処理でキャラクターを描いてみよう

関数があれば、敵キャラクターを100人作るのも簡単ね。

でも、関数を100回呼び出すのも、それはそれで大変じゃないかな。

たしかに！

今度は同じ処理を何回も繰り返すための、繰り返し処理を使ってみよう。

繰り返し処理でキャラクターを描いてみよう

　drawing6.pyではキャラクターを描画する関数を定義しましたが、何十回、何百回と呼び出すのは大変です。何度も同じ処理を繰り返したいときは、**繰り返し処理**を使います。繰り返したい回数が決まっている場合は、**for（フォー）文**と**range（レンジ）関数**を組み合わせます。

```
for 変数名 in range(繰り返す回数):
    繰り返す処理 ………… 字下げしてブロックを作る
    ：
```

　例えば、「for i in range(5):」とすると、処理を5回繰り返します。range関数は引数で指定された範囲の数値を出力する働きがあり、range(5)とすると0〜4の5つの数値の集まりを出力します。繰り返す間、この出力された数値を1つずつ取り出して、変数iに代入します。

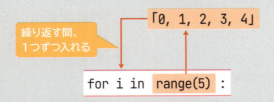

1回目の繰り返し：	i = 0
2回目の繰り返し：	i = 1
3回目の繰り返し：	i = 2
4回目の繰り返し：	i = 3
5回目の繰り返し：	i = 4

またfor文も関数定義と同様に、繰り返したい処理は字下げしたうえで書きます。字下げしないと、for文のブロック外の処理となり、繰り返し処理の対象から外れてしまいます。

```
for 変数名 in range(繰り返す回数):
    処理1 ············· for文のブロック内で、繰り返し処理になる
    処理2
処理3 ················· for文のブロック外で、繰り返し処理にはならない
```

それでは、for文を使った繰り返し処理で、複数のキャラクターを描画してみましょう。また、繰り返し処理で複数の線を描画し、格子模様の背景も描画してみます。

📑 drawing7.py

```
001  import pyxel
002
003
004  # キャラクターを描く関数 (X座標,Y座標,体の色,輪郭線の色,顔の色)
005  def draw_character(x, y, body_color, outline_color, face_color):
006      pyxel.circ(x, y, 8, body_color)
007      pyxel.circb(x, y, 8, outline_color)
008      pyxel.line(x - 4, y - 3, x - 4, y, face_color)
009      pyxel.line(x + 2, y - 3, x + 2, y, face_color)
010      pyxel.line(x - 4, y + 3, x + 2, y + 3, face_color)
011      pyxel.pset(x - 5, y + 2, face_color)
012      pyxel.pset(x + 3, y + 2, face_color)
013
014
015  pyxel.init(160, 120, title="Pyxel Drawing")
016
017  for i in range(40):···································· 40回繰り返す
018      pos = i * 4 + 1
019      pyxel.line(pos, 0, pos, 119, 2) ··············· 格子模様の背景を描く
020      pyxel.line(0, pos, 159, pos, 2)···········┘
021
022  for i in range(8): ································· 8回繰り返す
023      x = i * 18 + 17
024      y = i * 10 + 25
025      draw_character(x, y, 10, 9, 8)·················· キャラクターを描く
026
027  pyxel.show()
```

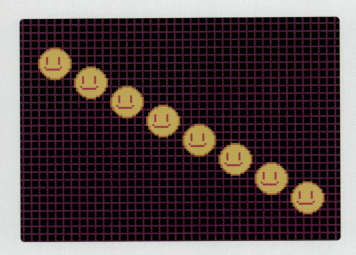

　17〜20行目のfor文で格子模様の背景、22〜25行目のfor文でキャラクターを描画しています。for文の処理に、実際の数値をあてはめてみましょう。

　17行目のfor文はrange(40)なので、40回繰り返します。1〜3回目の繰り返し結果から、画面の左端（上端）から4ピクセル間隔で縦線と横線を描画していることがわかります。画面の横幅は160ピクセルなので、160÷4で40回描画すると、画面が格子で覆われます。

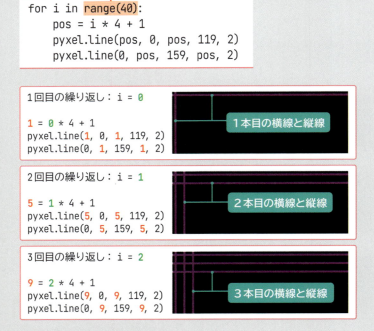

次に22行目のfor文です。range(8)なので8回繰り返します。繰り返すたびにキャラクターを描画する座標をX軸は18ピクセル、Y軸は10ピクセルずつずらすことで、キャラクターが重ならずに左上から右下に向かって描画されます。

「0, 1, 2, 3, 4, 5, 6, 7」← 8個の数値の集まり

```
for i in range(8):
    x = i * 18 + 17
    y = i * 10 + 25
    draw_character(x, y, 10, 9, 8)
```

1回目の繰り返し：i = 0

17 = 0 * 18 + 17
25 = 0 * 10 + 25
draw_character(17, 25, 10, 9, 8)

1人目

2回目の繰り返し：i = 1

35 = 1 * 18 + 17
35 = 1 * 10 + 25
draw_character(35, 35, 10, 9, 8)

2人目

3回目の繰り返し：i = 2

53 = 2 * 18 + 17
45 = 2 * 10 + 25
draw_character(53, 45, 10, 9, 8)

3人目

きれいに並んでいるのはいいんだけど、同じキャラクターばかりでつまらないような……。

たしかに、ゲームだといろいろなキャラクターが出てきたり、出現位置がまちまちだったりするよね。

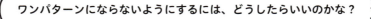

ワンパターンにならないようにするには、どうしたらいいのかな？

それじゃあ今度は、乱数を使ってキャラクターごとに色や位置を変えてみよう。

キャラクターをランダムに配置しよう

乱数とは、ランダムな値のことです。Pyxelには**pyxel.rndi関数**という整数の乱数を作る関数が用意されており、引数で指定した範囲の数値からランダムな数値を得られます。

pyxel.rndi関数 整数の乱数を得る

- 書式　pyxel.rndi(min, max)
- 引数　min：乱数の最小の数値
　　　　max：乱数の最大の数値
- 例　　x = pyxel.rndi(1, 10)
　　　　1〜10の範囲で整数の乱数を作り、戻り値を変数xに代入する

関数によっては、処理した結果を呼び出し元に返すものがあります。この関数が返す値のことを**戻り値（返り値）**といい、変数に代入することができます。

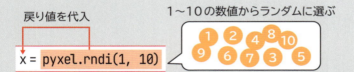

それでは、pyxel.rndi関数で求めた乱数を使ってキャラクターを描画してみましょう。
なお、変更しているのは22〜29行目だけなので、draw_character関数の定義は省略しています。

drawing8.py

```
001  import pyxel

     ...（省略）...

015  pyxel.init(160, 120, title="Pyxel Drawing")
016
017  for i in range(40):
018      pos = i * 4 + 1
019      pyxel.line(pos, 0, pos, 119, 2)
020      pyxel.line(0, pos, 159, pos, 2)
021
022  for _ in range(50):         変数iが必要ないときは_を使う。50回繰り返す
023      x = pyxel.rndi(0, 159)  0〜159の範囲でX座標の乱数を得る
024      y = pyxel.rndi(0, 119)  0〜119の範囲でY座標の乱数を得る
025      body_color = pyxel.rndi(6, 11)     6〜11の範囲で体の色の乱数を得る
026      outline_color = pyxel.rndi(12, 15) 12〜15の範囲で輪郭線の色の乱数を得る
```

```
027        face_color = pyxel.rndi(0, 5) ……………… 0〜5の範囲で顔パーツの色の乱数を得る
028
029        draw_character(x, y, body_color, outline_color, face_color)
030
031    pyxel.show()
```

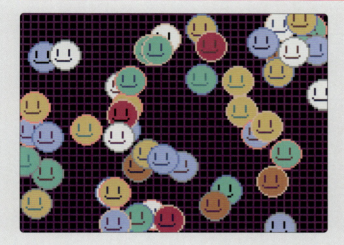

　実行すると、ランダムな位置にキャラクターが描画されます。22行目のfor文では、range関数から得た繰り返しの値を使わないため、iなどの変数名ではなく_（アンダーバー）を入れています。乱数は実行するたびに変わるので、何回か実行してみてください。

> 実行するたびにキャラクターの位置や色が変わるなんて、ちょっとゲームっぽいかも。

> 乱数はゲーム作りには欠かせない存在で、5章以降でもpyxel.rndi関数を使うから覚えておいてね。

> そうなんだ。忘れないようにメモしとこっと。

COLUMN　実行結果の画面を画像で出力する

　Pyxelを使ったアプリケーションは、実行中に Alt + 1 （macOSの場合は option + 1 ）を押すと、実行結果の画面がPNG画像としてデスクトップに保存されます。SNSに投稿して友達に披露してもよいでしょう。

073

まとめ

個々の図形は単純な形だけど、組み合わせることでさまざまな表現ができるんだ。

円と線だけの組み合わせで、キャラクターを描けるなんて思ってなかったな。

組み合わせ次第で表現は無限大だから、いろいろと工夫をしてみよう。

この章で学んだこと

- **Pyxelの基本的な使い方**
    - pyxel.init関数、pyxel.show関数で画面を表示する
- **線や丸などの図形で絵を描く**
    - pyxel.line関数で線、pyxel.circ関数で円を描画する
    - 位置はX座標とY座標、色は色番号で指定する
- **変数や関数、繰り返し処理などの作り方**
    - =で変数に値を入れる
    - defで関数を定義する
    - for文とrange関数を組み合わせて繰り返し処理を作る

アニメーションプログラム「ウサギジャンプ」

たくさんのカラフルな
ウサギたちが画面狭しと
跳ね回る！

レトロウサギがいっぱい動いてる！

この章では、どうやってアニメーションを作るのかを学んでいこう。

アニメーションを作るのって大変そうなイメージだけど……。

繰り返し処理を使えば、アニメーションは簡単に作れるよ。さらに分岐処理を組み合わせると、複雑な動きも作れるんだ。動かし方の基本をおさえて、自由自在にキャラクターを動かしてみよう！

4章の目標

- アニメーションの仕組みを理解する
- Pyxelでアニメーションを作る
- Pythonで無限ループや分岐処理を作る

Chapter 4
Section 01

アニメーションの基本を学ぼう

テレビアニメがどうやって作られているかは知っているかな？

えーっと、たくさん描いた絵を順番に表示させているんだっけ？

正解！　実はプログラムでも同じ仕組みでアニメーションさせるんだ。

アニメーションはなぜ動いて見えるのか

　アニメーションは、パラパラ漫画（絵を素早くめくること）のようなもので、静止画像を連続的に切り替えて表示しています。短時間で静止画が切り替わることで、人間の目は静止画に描かれているものが動いているように錯覚してしまうのです。

　例えば、画面の裏側で図形を描き、図形を画面に表示する、画面の裏側で少しずらした位置に図形を描き、画面を表示する……といった処理を繰り返すことで図形が動いて見えます。

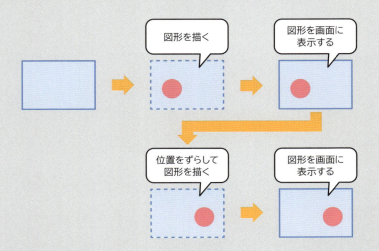

アニメーションの動きの細かさ（滑らかさ）は**fps**という単位で表されます。Frames Per Second（フレーム・パー・セカンド）の略で、1秒間に表示される静止画像（フレーム）の数を指します。fpsが低いほどカクカクとした動きになり、fpsが高いほど滑らかな動きになります。

一般的に映画やテレビアニメは24fps、ゲームでは30fpsや60fpsで表示されます。実写の場合は24fpsでも十分滑らかな動きにできるのですが、ゲームの場合はそれより高いfpsが求められます。アクションゲームやシューティングゲームなどは0.1秒の動きを争うので、細かい動きを確認できる滑らかさが必要なためです。一方、fpsが高いほど処理の負荷は高くなります。

ゲームは30fpsや60fpsであることが多い

なお、Pyxelのfpsは30fpsに設定されていますが、任意のfpsを設定することも可能です。

無限ループでウサギを移動させよう

それでは、実際にPyxelでキャラクター（ウサギ）を右に動かしてみましょう。ウサギを動かすために、繰り返し処理でウサギの位置を少しずつ右にずらしながら描画します。3章の繰り返し処理は繰り返す回数が決まっていましたが、処理を無限に繰り返したいときは、**while（ホワイル）文**で**無限ループ**を作ります。

```
while True:
    繰り返したい処理 ……………… 字下げする
    ︙
```

while文を使ってアニメーションを作るプログラムは次のとおりです。

animation1.py

```
001  import pyxel
002
003
004  # ウサギを描く関数（X座標,Y座標,色番号）
005  def draw_rabbit(x, y, color): ……………… ウサギを描く
```

Chapter 4 アニメーションを作ろう

```
006        pyxel.line(x + 2, y, x + 2, y + 2, color)
007        pyxel.line(x + 4, y, x + 4, y + 4, color)
008        pyxel.rect(x + 2, y + 3, 4, 3, color)       ……体を描く
009        pyxel.rect(x + 1, y + 6, 4, 3, color)
010        pyxel.line(x, y + 9, x + 2, y + 9, color)
011        pyxel.line(x + 4, y + 9, x + 5, y + 9, color)
012        pyxel.pset(x + 3, y + 4, 8)                 ……目を描く
013        pyxel.pset(x + 5, y + 4, 8)
014
015
016    pyxel.init(80, 60, title="Pyxel Animation")
017
018    rabbit_x = 0   # ウサギのX座標
019
020    while True:                                     ……無限ループ
021        pyxel.cls(1)                                ……①画面を青（色番号1）で塗りつぶす
022        draw_rabbit(rabbit_x, 25, 15)               ……②ウサギを描く
023        pyxel.flip()                                ……③画面を更新する
024        rabbit_x += 1                               ……④ウサギのX座標を1増やす
```

　実行すると、ウサギは画面の左端から右端に向かって移動します。ウサギが画面の外に出たあとも、無限ループにより処理が続けられます。

　それでは、繰り返し処理の内容を見ていきましょう。while文の繰り返し処理の中では、大きく4つの処理が行われています。

①画面を青（色番号1）で塗りつぶす
②ウサギを描く
③画面を更新する
④ウサギのX座標を1増やす

ここで初登場の関数が、①で使っている**pyxel.cls関数**と、③で使っている**pyxel.flip関数**です。clsはClear Screen（クリアスクリーン）の略で、pyxel.cls関数とpyxel.flip関数は次のような働きがあります。

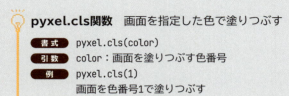

④の「rabbit_x += 1」は「rabbit_x = rabbit_x + 1」の省略した書き方で、変数rabbit_xに1を足した結果を変数rabbit_xに代入しています。そのため、繰り返すたびに変数rabbit_xの値が増え、draw_rabbit関数で描画したウサギの位置が右に向かって移動していきます。

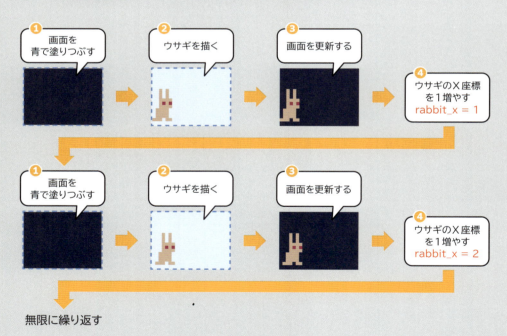

なお、①で塗りつぶして②でウサギを描きますが、プログラム内で一時的に画面に表示する内容を記録しておく場所に描かれます。③でpyxel.flip関数を呼び出すことにより、①の塗りつぶしと②で描いたウサギが画面に反映されます（画面が更新される）。

> **COLUMN　累算代入演算子**
>
> 「+=」や「-=」といった、演算子の左側と右側の値（変数）で計算し、結果を左側の変数に代入する演算子を累算代入演算子といいます。ほかにも「*=」や「/=」などもあります。
>
> **累算代入演算子**
>
> | 演算子 | 意味 |
> |---|---|
> | += | a += bは、a = a + bと同じ |
> | -= | a -= bは、a = a - bと同じ |
> | *= | a *= bは、a = a * bと同じ |
> | /= | a /= bは、a = a / bと同じ |
> | //= | a //= bは、a = a // bと同じ |
> | %= | a %= bは、a = a % bと同じ |

Pyxelコマンドを使ってみよう

PythonコマンドやVSCodeの［▷］以外にも、Pyxelを使ったプログラムを実行する方法があります。**pyxel runコマンド**はPythonコマンドを使って実行するときと同じ働きをするコマンドです。

```
pyxel run 実行したいファイルのパス
```

pyxel_studyフォルダを開いている状態で、chapter4フォルダにあるanimation1.pyを実行したい場合は、次のコマンドで実行できます。

```
pyxel run chapter4/animation1.py
```

また、**pyxel watchコマンド**で実行すると、指定したフォルダにあるファイルの変更を監視（watch）して、変更を検知すると自動的にプログラムが再実行されます。pyxel watchコマンドの書式は次のとおりです。

```
pyxel watch 監視対象のフォルダのパス 実行したいファイルのパス
```

animation1.pyを実行したい場合は、次のコマンドで実行できます。

```
pyxel watch chapter4 chapter4/animation1.py
```

VSCodeのターミナルでコマンドを実行すると、「start watching」というメッセージが表示されます。

```
問題   出力   デバッグ コンソール   ターミナル   ポート                                    pyxel + ∨ □ 🗑 … ∧ ×
PS C:\Users\yamad\Documents\pyxel_study> pyxel watch chapter4 chapter4/animation1.py
start watching 'chapter4' (Ctrl+C to stop)
                                                      行 24, 列 18   スペース: 4   UTF-8   LF   {} Python   3.12.4  ⏻
```

この状態でanimation1.pyを書き換えてみましょう。

animation1.py（一部変更）

```
016   pyxel.init(80, 60, title="Pyxel Animation")
017
018   rabbit_x = 74 # ウサギのX座標 ·············· 0を74に変更
019
020   while True:
021       pyxel.cls(1)
022       draw_rabbit(rabbit_x, 25, 15)
023       pyxel.flip()
024       rabbit_x -= 1 ································· +=を-=に変更
```

書き換えたあと、ファイルを保存するとターミナルに「rerun」というメッセージが表示され、プログラムが再実行されます。

```
問題   出力   デバッグ コンソール   ターミナル   ポート                                    pyxel + ∨ □ 🗑 … ∧ ×
PS C:\Users\yamad\Documents\pyxel_study> pyxel watch chapter4 chapter4/animation1.py
start watching 'chapter4' (Ctrl+C to stop)
watching 'chapter4' (Ctrl+C to stop)
watching 'chapter4' (Ctrl+C to stop)
watching 'chapter4' (Ctrl+C to stop)
rerun chapter4/animation1.py
watching 'chapter4' (Ctrl+C to stop)
                                                      行 24, 列 18   スペース: 4   UTF-8   LF   {} Python   3.12.4  ⏻
```

　再実行されると、ウサギが右端から左に向かって移動するアニメーションに変わります。18行目で変数rabbit_xに74を代入したので、ウサギの初期位置が画面の右端になります。また、24行目の「+=」を「-=」に変えたことで、「rabbit_x = rabbit_x - 1」という処理に変わり、繰り返すたびに変数rabbit_xの値が減る処理になります。

　pyxel watchでプログラムを実行した場合、ターミナルで Ctrl + C （macOSは control + C ）を押して、終了させてください。終了すると、「stopped watching」と表示されます。

ターミナルで Ctrl + C （macOSは control + C ）を押して、プログラムを終了する

　アニメーションのウィンドウを閉じたあとも、監視が続行されることに注意してください。監視が続いている場合、監視対象のディレクトリにあるファイルが更新されると、プログラムが自動的に再実行されます。

　今回のようにアニメーションさせながら動きを調整したいときなど、pyxel watchでプログラムを実行すると、変更するたびに自動的に再実行してくれるので大変便利です。ぜひ活用してみてください。

Chapter 4
Section 02 分岐処理を作ろう

ゲームで操作するキャラクターが敵にあたると、体力が減ったり、スタート位置からやり直しになったりするよね。

よくあるゲームのルールだよね。

「〜したら〜する」っていう処理は、プログラムを作るのに欠かせない処理の1つなんだ。この処理をアニメーション作りでも使ってみよう。

分岐処理でウサギを画面の中に戻そう

「ウサギが画面外に出た場合、X座標を0に戻す」といった、ある条件を満たしたときに実行する処理を**分岐処理**といいます。分岐処理は、**if（イフ）文**で作ることができます。

```
if 条件式:
    条件を満たすときに実行したい処理 ………… 字下げする
    :
```

条件式は「ウサギが画面外に出た場合」にあたるものです。この条件式を作るときは、**比較演算子**と呼ばれる記号の組み合わせを使います。

比較演算子

演算子	意味	例
==	等しい	a==b（aとbは等しい）
<	より小さい	a<b（aはbより小さい）
<=	以下	a<=b（aはb以下）
>	より大きい	a>b（aはbより大きい）
>=	以上	a>=b（aはb以上）
!=	等しくない	a!=b（aとbは等しくない）

条件式の結果は、条件を満たす場合は **True（トゥルー）**、条件を満たさない場合は **False（フォルス）** という値で表されます。

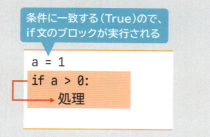
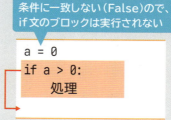

それでは「ウサギが画面外に出た場合」の分岐処理を作ってみましょう。

📄 **animation2.py**

```
001  import pyxel
002
003
004  # ウサギを描く関数（X座標,Y座標,色番号）
005  def draw_rabbit(x, y, color):
006      pyxel.line(x + 2, y, x + 2, y + 2, color)
007      pyxel.line(x + 4, y, x + 4, y + 4, color)
008      pyxel.rect(x + 2, y + 3, 4, 3, color)
009      pyxel.rect(x + 1, y + 6, 4, 3, color)
010      pyxel.line(x, y + 9, x + 2, y + 9, color)
011      pyxel.line(x + 4, y + 9, x + 5, y + 9, color)
012      pyxel.pset(x + 3, y + 4, 8)
013      pyxel.pset(x + 5, y + 4, 8)
014
015
016  pyxel.init(80, 60, title="Pyxel Animation")
017
018  rabbit_x = 0  # ウサギのX座標
019
020  while True:
021      pyxel.cls(1)
022      draw_rabbit(rabbit_x, 25, 15)
023      pyxel.flip()
024      rabbit_x += 1
025
026      if rabbit_x >= pyxel.width:   ……… もし画面の右端まで来たら
027          rabbit_x = -6   ………………… 画面左端に位置を戻す
```

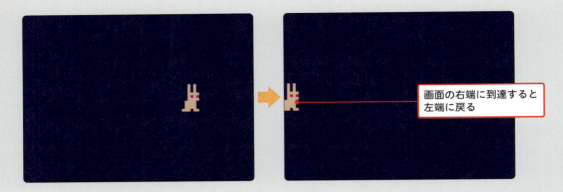

　if文で「ウサギが画面外に出た」かどうかの条件式には、「rabbit_x >= pyxel.width」を入れています。変数rabbit_xはウサギのX座標の基準位置、pyxel.widthは画面の幅です。pyxel.widthはPyxelにあらかじめ用意されている変数で、ほかにも画面の高さが入ったpyxel.heightがあります。

```
pyxel.width  ……画面の幅が入っている変数
pyxel.height ……画面の高さが入っている変数
```

画面の幅は80なので、rabbit_xが80以上のときに、if文のブロックの処理が実行されます。

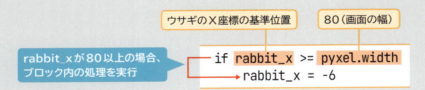

　ウサギを画面の左端に戻すとき、変数rabbit_xに-6を代入しています。ウサギの横幅は6ピクセルなので、変数rabbit_xを-6からはじめると、画面の左端から入ってくるようなアニメーションになります。

わかばちゃんがよく遊ぶゲームだと、キャラクターはどうやって操作することが多いのかな？

この前遊んだゲームは ←→ で左右に動かしたり、space でジャンプしたかな。

実は ← を押したときや → を押したときの処理も分岐処理で作られているんだ。

そうなんだ！

5章ではキーが押されているときの判定にも if 文を使っているから、そのときにまた詳しく説明するね。

COLUMN 複数の分岐を作る方法

if文は **elif（エルイフ）節** を使うと、条件Aを満たすときに実行する処理、条件Bを満たすときに実行する処理といった具合に、複数の分岐処理を作れます。また、いずれの条件も満たさなかったときにだけ分岐したい場合は、**else（エルス）節** を使います。

```
if 条件式A:
    条件Aを満たすときに実行したい処理
elif 条件式B:
    条件Bを満たすときに実行したい処理
else:
    いずれの条件も満たさないときに実行したい処理
```

if文に対して、elif節は複数追加できますが、else節は1つだけです。また、else節はif文全体の最後に付けます。

Chapter 4
Section 03 アニメーションを工夫してみよう

アニメーションを作る方法はわかったけど、何か物足りないような気が……。

動かし方が単調だからじゃないかな。だんだん速く動いたり、だんだん遅く動いたり、弾んだような動きだったり……動かし方にもいろいろあるからね。

それだ！　でもだんだん速くってどうすればいいのかな。

ここまでに学んだことを応用すれば簡単だよ。

速度を使ったアニメーションを作ってみよう

　ゲームに登場するキャラクターは、移動速度がだんだんと速くなったり、遅くなったりすることがあります。そういった動きを作るためには、移動の変化量を表す速度にあたる変数を使って、移動先の座標を求めます。
　さっそく速度を使ってウサギを動かしてみましょう。

animation3.py
```
001  import pyxel
002
003
004  # ウサギを描く関数（X座標,Y座標,色番号）
005  def draw_rabbit(x, y, color):
006      pyxel.line(x + 2, y, x + 2, y + 2, color)
007      pyxel.line(x + 4, y, x + 4, y + 4, color)
008      pyxel.rect(x + 2, y + 3, 4, 3, color)
009      pyxel.rect(x + 1, y + 6, 4, 3, color)
```

```
010        pyxel.line(x, y + 9, x + 2, y + 9, color)
011        pyxel.line(x + 4, y + 9, x + 5, y + 9, color)
012        pyxel.pset(x + 3, y + 4, 8)
013        pyxel.pset(x + 5, y + 4, 8)
014
015
016    pyxel.init(80, 60, title="Pyxel Animation")
017
018    rabbit_x = 0    # ウサギのX座標
019    rabbit_y = 25   # ウサギのY座標
020    rabbit_vx = 0   # ウサギのX方向の速度
021    rabbit_height = 10   # ウサギの高さ
022    rabbit_color = 15    # ウサギの色
023
024    while True:
025        rabbit_x += rabbit_vx
026        rabbit_vx += 0.1 ················· 速度を0.1増やす
027
028        if rabbit_x >= pyxel.width: ······· もし画面の右端まで来たら
029            rabbit_x = -6 ················· 画面左に位置を戻す
030            rabbit_vx = 0 ················· 速度を0に戻す
031
032        pyxel.cls(1)
033        draw_rabbit(rabbit_x, rabbit_y, rabbit_color)
034        pyxel.flip()
```

最初はゆっくりで、右側に移動するにつれて移動速度が速くなるアニメーションが実行されます。ウサギの動きが速くなっていくのは、速度を表す変数rabbit_vxの値を繰り返し処理中に増やしているためです。

変数rabbit_vxの初期値は0です。繰り返すたびに変数rabbit_vxに0.1が足し合わされるため、1回目の繰り返しで変数rabbit_vxは0.1、2回目で0.2、3回目で0.3、……10回目で1.0、20回目で2.0、30回目で3.0と増えていきます。これにより、25行目の「rabbit_x += rabbit_vx」で、ウサギのX座標に足し合わせる値がどんどん大きくなるので、移動速度が速くなるのです。

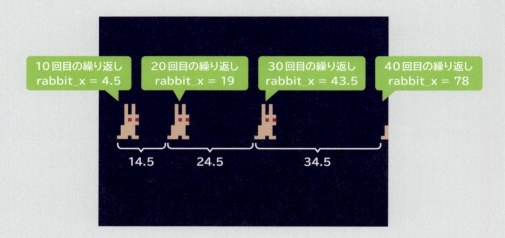

そして、ウサギが画面外に出た場合、変数rabbit_xを-6にするのとともに、速度の変数rabbit_vxも0にします。

だんだん速くするだけで、一気にゲームのキャラクターっぽい動きになるのね。

この動きとは逆に、変数rabbit_vxの初期値を5にしておいて、「rabbit_vx -= 0.1」で移動速度を減らすプログラムに変えると、だんだんと遅くなる動きにもできるよ。

なるほど！　ってことはその場合、ウサギが画面の外に出たら、「rabbit_vx = 5」で初期値に戻す感じね。

そのとおり。じゃあこの速度を使った動きを、別のアニメーションにも使ってみよう。

Chapter 4 アニメーションを作ろう

ウサギをジャンプさせよう

ジャンプは縦の移動です。ウサギのY座標を少しずつ変えて描画することで、ジャンプをしているアニメーションを作れます。Pyxelの場合、画面の一番上のY座標は0なので、Y座標が大きくなると下に落ち、小さくなると上に上がります。

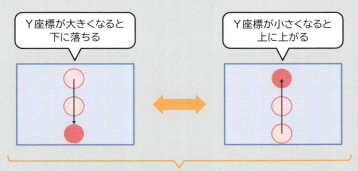

ただし、一定速度で移動すると重さがある動きに見えないため、ただの上下移動に見えます。そこで、速度を使って座標を求めると、重みを感じるジャンプのアニメーションになります。

それでは次のプログラムを実行してみましょう。

animation4.py

```python
import pyxel


# ウサギを描く関数（X座標,Y座標,色番号）
def draw_rabbit(x, y, color):
    pyxel.line(x + 2, y, x + 2, y + 2, color)
    pyxel.line(x + 4, y, x + 4, y + 4, color)
    pyxel.rect(x + 2, y + 3, 4, 3, color)
    pyxel.rect(x + 1, y + 6, 4, 3, color)
    pyxel.line(x, y + 9, x + 2, y + 9, color)
    pyxel.line(x + 4, y + 9, x + 5, y + 9, color)
    pyxel.pset(x + 3, y + 4, 8)
    pyxel.pset(x + 5, y + 4, 8)


pyxel.init(80, 60, title="Pyxel Animation")

rabbit_x = 37  # ウサギのX座標
```

次ページに続く

```
019  rabbit_y = 10   # ウサギのY座標
020  rabbit_vy = 0   # ウサギのY方向の速度
021  rabbit_height = 10   # ウサギの高さ
022  rabbit_color = 15   # ウサギの色
023
024  while True:
025      rabbit_y += rabbit_vy
026      rabbit_vy += 0.1
027
028      rabbit_bounce_y = pyxel.height - rabbit_height   Y座標の上限値を求める
029      if rabbit_y >= rabbit_bounce_y:                  もし画面の下端まで来たら
030          rabbit_y = rabbit_bounce_y                   ウサギのY座標をY座標の上限値に補正
031          rabbit_vy *= -0.95                           Y方向の移動速度を少し減らしつつ反転する
032
033      pyxel.cls(1)
034      draw_rabbit(rabbit_x, rabbit_y, rabbit_color)
035      pyxel.flip()
```

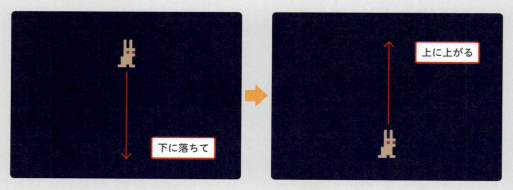

　実行すると、ウサギが飛び跳ね続けるアニメーションが実行されます。このプログラムのポイントは、31行目の「rabbit_vy *= -0.95」です。「0.95」は反発係数という、物体が床などに衝突したあとに速度がどの程度減少するかを示す指標です。ウサギが画面の下に到達したとき、変数rabbit_vy（ウサギのY方向の速度）に反発係数を掛けることで、速度が減少します。繰り返し処理の内容を確認してみましょう。

● **ウサギがジャンプする仕組み**
　ジャンプの移動速度を求めるのに使っている変数は、変数rabbit_y、変数rabbit_bounce_y、変数rabbit_vyです。変数rabbit_bounce_yには、「pyxel.height - rabbit_height」で求めたY座標の上限値が入ります。pyxel.heightは画面の高さを表しており、60が入っているので「60 - 10」で50になります。

アニメーションを作ろう　Chapter 4

　25行目でウサギのY座標（変数rabbit_y）に、速度（変数rabbit_vy）を足し合わせます。1回目の繰り返しでは、変数rabbit_vyは0なので、初期位置のままです。26行目で変数rabbit_vyに加速度の0.1を足し合わせます。この処理は、P.88のanimation3.pyの横移動が縦移動に変わっただけです。

　そして最大のポイントは、29～31行目のif文のブロックです。条件式が「rabbit_y >= rabbit_bounce_y」なので、「ウサギのY座標が50以上の場合」という意味になります。条件を満たしている場合、変数rabbit_yに50を代入して、ウサギのY座標を補正します。

　1回目の分岐処理（ジャンプ）は、29回目の繰り返しで発生します。そのとき、変数rabbit_yは50.6、変数rabbit_vyは2.9なので、31行目の「rabbit_vy *= -0.95」は「rabbit_vy = 2.9 * -0.95」となります。正の数値に負の数値を掛けるため、負の数値に反転した-2.755が代入されます。

29回目の繰り返し： rabbit_x = 50.6 、rabbit_vy = 2.9

```
if 50.6 >= 50:
    rabbit_x = 50
    rabbit_vy = 2.9 * -0.95
```

-2.755

変数rabbit_vyが「-2.755」の場合、25行目の「rabbit_y += rabbit_vy」は「rabbit_y = rabbit_y + -2.755」となります。正の数値に負の数値を足すということは、数値を減らすということです。つまり、変数rabbit_vyが負の数値になると、繰り返すたびに変数rabbit_yが減り、ウサギの位置が上に上がっていくのです。

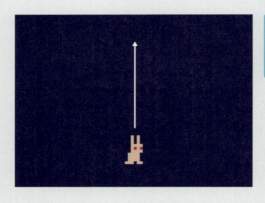

変数rabbit_vyが負の数値の場合、
繰り返すたびに変数rabbit_yが減る
＝
ウサギが上に上がっていく

ウサギが上に上がっていく間も、変数rabbit_vyには「0.1」が足し合わされていきます。すると今度は、負の数値だった変数rabbit_vyがだんだんと０に近づいていき、あるタイミングで正の数値に戻ります。変数rabbit_vyが正の数値に戻ると、「rabbit_y += rabbit_vy」で変数rabbit_yが増えていくため、再びウサギが下に下がっていきます。

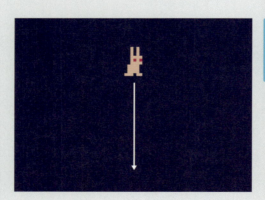

変数rabbit_vyが正の数値の場合、
繰り返すたびに変数rabbit_yが増える
＝
ウサギが下に下がっていく

以上の処理により、ウサギが飛び跳ね続けるアニメーションになります。なお、31行目で変数rabbit_vyを負の数値へと反転する際、反発係数は「1」ではなく「0.95」です。このプログラムの場合、「1」にすると勢いがつきすぎてウサギが画面外に飛び出すため、「0.95」にしています。反発係数を変えると、動きが変わるので試してみてください。

Chapter 4
Section 04
ウサギの数を増やそう

先生！ ゲームで敵キャラがいっぱい出るみたいに、ウサギもいっぱい出したいです！！

複数の値を1つの変数で管理するとキャラクターをたくさん出すことができるよ。

変数をウサギの数だけ作るんじゃダメなのかな？

できないわけじゃないけど、ウサギが100匹もいたら大変じゃないかな。少ない変数で複数の値を管理できれば、行数も抑えつつ読みやすいプログラムになるよ。

リストで複数のウサギの情報を管理しよう

　次は、複数のウサギを描画し、それぞれをジャンプさせてみましょう。ウサギの数にあわせて、座標や速度などを入れるための変数を用意する必要がありますが、rabbit_x1, rabbit_x2……と個別に用意するのは現実的ではありません。そのため、複数の値をまとめて管理する**リスト**という仕組みを使って、複数のウサギの情報を管理しましょう。

　リストは値を, (カンマ) で区切り、全体を [ ] で囲んで作ります。リストに入れた個々の値は**要素**といい、要素には0から順番に**インデックス**という番号が振られます。リストから個々の要素を取り出すときは、インデックスで指定します。

```
x = [10, 20, 30, 40, 50] ………リストを作成して、変数xに代入する
x[2] ……………………………………インデックス番号2の要素を取り出す
```

リストの要素を更新する場合は、「変数名[インデックス]」と代入したい値を「=」でつなぎます。

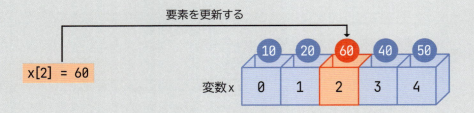

それでは実際にリストを使ってみましょう。次のプログラムでは、5匹のウサギの情報をリストで管理し、それぞれのウサギをジャンプさせています。

```
animation5.py
001  import pyxel
002
003
004  # ウサギを描く関数（X座標,Y座標,色番号）
005  def draw_rabbit(x, y, color):
006      pyxel.line(x + 2, y, x + 2, y + 2, color)
007      pyxel.line(x + 4, y, x + 4, y + 4, color)
008      pyxel.rect(x + 2, y + 3, 4, 3, color)
009      pyxel.rect(x + 1, y + 6, 4, 3, color)
010      pyxel.line(x, y + 9, x + 2, y + 9, color)
011      pyxel.line(x + 4, y + 9, x + 5, y + 9, color)
012      pyxel.pset(x + 3, y + 4, 8)
013      pyxel.pset(x + 5, y + 4, 8)
014
015
016  pyxel.init(80, 60, title="Pyxel Animation")
017
018  NUM_RABBITS = 5  # ウサギの数
019  RABBIT_HEIGHT = 10  # ウサギの高さ
020  RABBIT_BOUNCE_Y = pyxel.height - RABBIT_HEIGHT
```

```
021
022    rabbit_xs = [7, 22, 37, 52, 67]          ……………ウサギのX座標のリスト
023    rabbit_ys = [18, 15, 12, 9, 6]           ……………ウサギのY座標のリスト
024    rabbit_vys = [0] * NUM_RABBITS           ……………ウサギの速度のリスト
025    rabbit_colors = [6, 5, 4, 3, 2]          ……………ウサギの色のリスト
026
027    while True:
028        for i in range(NUM_RABBITS):         ……………ウサギの数だけ繰り返す
029            rabbit_ys[i] += rabbit_vys[i]    ………ウサギのY座標を更新する
030            rabbit_vys[i] += 0.1             ……………ウサギの速度を更新する
031
032            if rabbit_ys[i] >= RABBIT_BOUNCE_Y:
033                rabbit_ys[i] = RABBIT_BOUNCE_Y
034                rabbit_vys[i] *= -0.95
035
036        pyxel.cls(1)
037        for i in range(NUM_RABBITS):         ……………ウサギの数だけ繰り返す
038            draw_rabbit(rabbit_xs[i], rabbit_ys[i], rabbit_colors[i])
039        pyxel.flip()
```

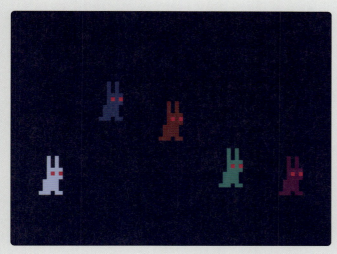

　5匹のウサギがそれぞれジャンプを繰り返すアニメーションが実行されます。それぞれのウサギの情報をどのように使っているのかを見ていきましょう。

● 変数の種類とウサギの初期位置

　このプログラムでは、定数（変更しない固定の値）であることがわかりやすいように、定数を入れる変数名はすべて大文字のアルファベットで名前を付けています。定数は次の3つです。

定数を入れる変数

変数名	意味	値
NUM_RABBITS	ウサギの数	5
RABBIT_HEIGHT	ウサギの高さ	10
RABBIT_BOUNCE_Y	ウサギのY座標の上限値	50

　ウサギごとの情報は次の4つのリストで管理しています。不定値（変更する値）を入れるため、変数名はすべて小文字のアルファベットで名前を付けています。

ウサギごとの値を管理するリスト

変数名	意味	初期値
rabbit_xs	ウサギのX座標	[7, 22, 37, 52, 67]
rabbit_ys	ウサギのY座標	[18, 15, 12, 9, 6]
rabbit_vys	ウサギの速度	[0, 0, 0, 0, 0]
rabbit_colors	ウサギの色	[6, 5, 4, 3, 2]

　ウサギの数は5なので、いずれのリストも要素数は5です。リストの値が初期状態のままウサギを描画すると、次のような状態になります。

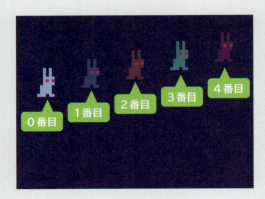

　リストの要素を初期化する際、通常は[ ]の中に値を, (カンマ) で区切って書きます。しかし、変数rabbit_vysのみ、異なる書き方をしています。

```
rabbit_vys = [0] * NUM_RABBITS
```

リストのすべての要素が同じ値の場合、「[値] * 要素の数」でリストを作ることが可能です。つまり、「[0] * NUM_RABBITS」は、「[0, 0, 0, 0, 0]」と同じ意味になります。

便利な書き方なので、覚えておくとよいでしょう。

● 繰り返し処理を入れ子にする

変数の種類とウサギの初期位置を把握したところで、繰り返し処理を確認してみましょう。ジャンプをさせる計算自体はP.91のanimation4.pyと同じです。しかし、複数のウサギがいるため、while文の中にfor文を2つ作り、繰り返し処理の中でさらに繰り返し処理を行っています。1つ目のfor文はウサギごとの座標を更新し、2つ目のfor文で複数のウサギを描画しています。繰り返し処理を入れ子にすることで、while文を1回繰り返すと、5匹分のウサギをアニメーションさせられます。

while文のブロック
無限ループ

```
while True:
    for i in range(NUM_RABBITS):
        ⋮
    pyxel.cls(1)
    for i in range(NUM_RABBITS):
        ⋮
    pyxel.flip()
```

1つ目のfor文のブロック
ウサギごとの座標を更新する

2つ目のfor文のブロック
複数のウサギを描画する

ウサギは5匹ですので、繰り返す回数は5回と決まっています。そのため、for文で繰り返すときに、range関数にはウサギの数を表す変数NUM_RABBITSを入れています。range(5)になるため、0～4の5つの数字の集まりが出力され、繰り返す間、変数iに順番に入ります。この変数iを、リストのインデックスとして利用することで、5回の繰り返しでウサギ5匹分のY座標と移動速度を更新します。

1つ目のfor文でiが0の場合、29、30行目は次のような処理になります。

ウサギのY座標（29行目）

```
rabbit_ys[0] += rabbit_vys[0]
         ↓
rabbit_ys[0] = rabbit_ys[0] + rabbit_vys[0]
         ↓
rabbit_ys[0] = 18 + 0
```

ウサギの速度（30行目）

```
rabbit_vys[0] += 0.1
         ↓
rabbit_vys[0] = rabbit_vys[0] + 0.1
         ↓
rabbit_vys[0] = 0 + 0.1
```

そのため、1回目の繰り返しが終わると、変数rabbit_ysと変数rabbit_vysは次のような状態に変わります。

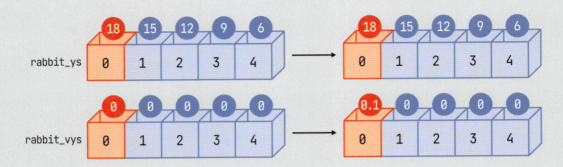

　32～34行目は、P.92～94で説明した「ウサギがジャンプする仕組み」と同じ処理です。Y座標が上限値以上の場合、Y座標を補正して、縦方向の速度の正負を反転させます。

もっとウサギの数を増やそう

　最後にウサギの数をもっと増やしてみましょう。またウサギの初期座標や色などをランダムにしてみます。そのため、個々のウサギの値を管理するリストは初期状態では要素数を0にしておき、あとからランダムな値を追加します。要素数が0のリストは、[]で作れます。

```
x = [] …………… 要素数が0のリストを作って変数xに代入
```

　また、リストにあとから要素を追加する場合は、**append（アペンド）関数**を使います。

> 💡 **リスト.append関数**　リストに要素を追加する
>
> **書式**　リスト.append(val)
> **引数**　val：リストに追加したい要素の値
> **例**　x.append(10)
> 　　　 変数xのリストに10を追加する

　append関数は以降の章でもよく使いますので、使い方をおさえておきましょう。
　それでは、次のプログラムを実行してみてください。

ch4_animation6.py
```
001  import pyxel
002
003
```

アニメーションを作ろう **Chapter 4**

```python
004  # ウサギを描く関数 (X座標,Y座標,色番号)
005  def draw_rabbit(x, y, color):
006      pyxel.line(x + 2, y, x + 2, y + 2, color)
007      pyxel.line(x + 4, y, x + 4, y + 4, color)
008      pyxel.rect(x + 2, y + 3, 4, 3, color)
009      pyxel.rect(x + 1, y + 6, 4, 3, color)
010      pyxel.line(x, y + 9, x + 2, y + 9, color)
011      pyxel.line(x + 4, y + 9, x + 5, y + 9, color)
012
013      eye_color = 8 if color != 8 else 7
014      pyxel.pset(x + 3, y + 4, eye_color)
015      pyxel.pset(x + 5, y + 4, eye_color)
016
017
018  pyxel.init(80, 60, title="Pyxel Animation")
019
020  NUM_RABBITS = 30  # ウサギの数
021  RABBIT_WIDTH = 6  # ウサギの幅
022  RABBIT_HEIGHT = 10  # ウサギの高さ
023  RABBIT_BOUNCE_Y = pyxel.height - RABBIT_HEIGHT
024
025  rabbit_xs = []
026  rabbit_ys = []
027  rabbit_vys = []
028  rabbit_colors = []
029
030  for i in range(NUM_RABBITS):
031      rabbit_xs.append(pyxel.rndi(-RABBIT_WIDTH, pyxel.width))
032      rabbit_ys.append(pyxel.rndi(0, 30))
033      rabbit_vys.append(pyxel.rndf(0.1, 1.0))
034      rabbit_colors.append(pyxel.rndi(2, 15))
035
036  while True:
037      for i in range(NUM_RABBITS):
038          rabbit_ys[i] += rabbit_vys[i]
039          rabbit_vys[i] += 0.1
040
041          if rabbit_ys[i] >= RABBIT_BOUNCE_Y:
042              rabbit_ys[i] = RABBIT_BOUNCE_Y
043              rabbit_vys[i] *= -0.95
044
045      pyxel.cls(1)
```

025 ← 中身が空のリストを作る
028

031 ← ウサギの情報を初期化する

次ページに続く ➡

```
046        for i in range(NUM_RABBITS):
047            draw_rabbit(rabbit_xs[i], rabbit_ys[i], rabbit_colors[i])
048        pyxel.flip()
```

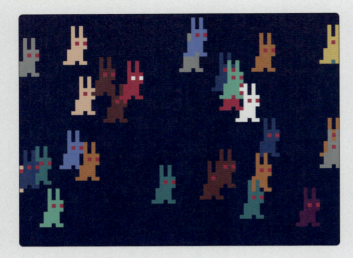

　30匹のウサギが飛び跳ねるアニメーションが実行されます。36〜48行目のwhile文のブロックは、P.97と同じです。異なっている点を確認してみましょう。

● **ランダムな値で初期化する**

　25〜28行目で要素数が0の空のリストを作り、30〜34行目のfor文で初期化しています。変数rabbit_xs、変数rabbit_ys、変数rabbit_colorsのリストには、pyxel.rndi関数（P.72）で求めた乱数をappend関数で追加しています。

　変数rabbit_xsはウサギのX座標のリストです。ウサギの全身が画面外に出ないように、x座標は「画面の左端 - ウサギの幅」〜「画面の右端」の範囲の乱数を求めています。同様に変数rabbit_ysも、画面外に出ない範囲の乱数を求めています。

　ウサギの色を管理する変数rabbit_colorsの場合、2〜15の範囲で求めた乱数を要素にしています。色番号は0〜15ですが、0の黒は見づらく、1の青は背景色になっているため、除外しています。

　移動速度を管理する変数rabbit_vysのみ、**pyxel.rndf関数**を使って乱数を求めています。

> **pyxel.rndf関数**　浮動小数点数の乱数を生成する
>
> 書式　pyxel.rndf(min, max)
> 引数　min：乱数の最小値（乱数はmin以上でminを含む）
> 　　　max：乱数の最大値（乱数はmax以下でmaxを含む）
> 例　　x = pyxel.rndf(0.1, 1.0)
> 　　　0.1以上1.0以下の範囲で浮動小数点数の乱数を作り、戻り値を変数xに代入する

pyxel.rndi関数と似た関数ですが、pyxel.rndi関数は整数、pyxel.rndf関数は小数の乱数を出力します。変数rabbit_vysのウサギの速度の初期値を乱数にしておくことで、動き出しの速度をウサギごとに異なった値にできます。

● 体の色によって目の色を変える

ウサギの目の色は8（赤）を指定していますが、体の色と同じになってしまうと、目と体の区別がつかなくなってしまいます。そのため、draw_rabbit関数では、体の色にあわせて目の色を変えるようにしています。それが13行目で、**三項演算子**というものを使っています。三項演算子は条件に応じた値を返す演算子で、if文とelse節を1行で簡潔に書くことができます。

> 変数名 = 条件を満たしたときの値 if 条件 else 条件を満たさなかったときの値

体の色番号が8（赤）ではない場合に8、8である場合は7（白）が変数eye_colorに入ります。

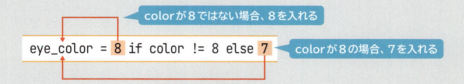

なお、13行目で三項演算子を使わずにif文を書いた場合、次のようになります。

```
if color != 8:
    eye_color = 8
else:
    eye_color = 7
```

COLUMN　実行結果のアニメーションをGIFで出力してみよう

実行中に Alt + 3 （macOSの場合は option + 3 ）を押すと、画面の映像をGIFファイルで出力できます。アニメーションの動きを画像で残せるので、SNSなどに気軽に投稿できます。なお、 Alt + 2 （macOSの場合は option + 2 ）で、録画を開始するタイミングをリセットすることもできます。

まとめ

アニメーションを作ってみてどうだった？

アニメーションの仕組みって実はシンプルだったんだ。ちょっと工夫するだけで、自然な動きにもなるし、いろいろなアニメーションが作れそう。

ここではX座標かY座標のどちらかしか動かさなかったけど、両方とも変えると斜めの動きも作れるよ。

なるほど！

無限ループや分岐処理は、いろいろなプログラムでよく使われるから、しっかりと覚えておこう。

4章で学んだこと

- **アニメーションを作る方法**
  - 静止画像を連続的に切り替えて表示する
  - アニメーションの滑らかさはfpsで表す
- **Pyxelでアニメーションを作る方法**
  - pyxel.cls関数とpyxel.flip関数を使う
- **Pythonで無限ループや分岐処理を作る方法**
  - while文で無限ループを作る
  - if文で分岐処理を作る
  - リストで複数の値を管理する

CHAPTER 5
ワンキーゲームを作ろう

ワンキーゲーム「Space Rescue」

隕石襲来！
おんぼろ宇宙船を操作して
宇宙飛行士たちを救出しよう

ゲームの遊び方

- [Enter] でゲーム開始
- [Space] で宇宙船を動かして宇宙飛行士を助ける
- 宇宙船が隕石に衝突するとゲームオーバー

ゲーム仕様

- アプリ起動直後とゲームオーバーのときにタイトルを表示する
- 救出した宇宙飛行士の数をSCORE（スコア）として表示する
- 宇宙飛行士と隕石は5秒ごとに増える
- [Space] を押すたびに宇宙船が次に移動するときの左右方向が切り替わる

ワンキーゲームを作ろう　Chapter 5

この章では、今まで学んだことをベースにゲームを作ってみよう。

可愛い絵！　いかにもレトロゲームって感じ。

Pyxelについているツールを使ってドット絵を作ったんだ。画像を使うとさまざまなキャラクターを簡単に作れるんだよ。

たくさんキャラクターがいるとゲームが楽しそうに見えるよね。

Space Rescueはシンプルなゲームだけど、キー入力の判定だったり、絵と絵が衝突したかの判定だったり、ゲームプログラミングでよく使う処理を学ぶにはもってこいなんだ。

絵と絵が衝突ってどういうこと？

キャラクター同士が重なっていることをゲームプログラミングではよく衝突と呼ぶんだ。例えば、宇宙船とアイテムが重なっている状態だよ。

なるほど！　アクションゲームやシューティングゲームで、攻撃を当てたり、アイテムを取ったりする判定は重要だもんね。

Pyxelで本格的なゲームを作る方法を学びつつ、ゲームでよく使う処理の作り方を一緒に見ていこう！

5章の目的

- ゲームの基本的な処理の流れを学ぶ
- Pyxelで画像や音楽などのリソースを使う方法を学ぶ
- キー入力を判定する処理の作り方を学ぶ
- 衝突判定の仕組みを学ぶ

107

Chapter 5
Section 01 クラスを使ってみよう

ゲームだとプログラムの量もやっぱり多くなるのかな。難しくないといいけど。

たしかに操作キャラクター以外にも、敵だったり、アイテムだったり、要素が増えるほどプログラムの量も増えていくよ。

ううっやっぱりそうですよね……ちゃんと理解できるかな。

大丈夫だよ。クラスという仕組みを使うと、プログラムを機能ごとに分けることができて、管理しやすくなるんだ。Space Rescue もクラスを使っているから、クラスの作り方を見ていこう。

クラスの作り方を学ぼう

Pythonで複雑なプログラムを作るときは、**クラス (class)** という仕組みを使います。

defで関数を作るのと同じように、classのあとにクラス名を書き、字下げして関数を作っていきます。また、クラスに追加した関数は必ず **self** を第1引数にします。**__init__** はクラスの中に定義できる特殊な関数で、クラス名( )で呼び出されます。

```
class クラス名:················ クラス定義
    def __init__(self):
        データの初期化や最初に実行したい処理
        self.関数A()
        ⋮

    def 関数A(self):
        関数Aで実行する処理
        ⋮


クラス名()
```

P.91で作ったanimation4.py（1匹のウサギが飛び跳ね続けるアニメーション）を、クラスを使ったプログラムに書き換えてみましょう。

class_animation.py

```python
import pyxel


class Animation:
    def __init__(self):                                      # Animationクラスの初期化時に呼ばれる
        pyxel.init(80, 60, title="Pyxel Animation")

        self.rabbit_x = 37
        self.rabbit_y = 10
        self.rabbit_color = 15
        self.rabbit_height = 10
        self.rabbit_vy = 0

        pyxel.run(self.update, self.draw)

    def draw_rabbit(self, x, y, color):                      # ウサギを描く
        pyxel.line(x + 2, y, x + 2, y + 2, color)
        pyxel.line(x + 4, y, x + 4, y + 4, color)
        pyxel.rect(x + 2, y + 3, 4, 3, color)
        pyxel.rect(x + 1, y + 6, 4, 3, color)
        pyxel.line(x, y + 9, x + 2, y + 9, color)
        pyxel.line(x + 4, y + 9, x + 5, y + 9, color)
        pyxel.pset(x + 3, y + 4, 8)
        pyxel.pset(x + 5, y + 4, 8)

    def update(self):                                        # 更新処理（ウサギの座標を更新）
        self.rabbit_y += self.rabbit_vy
        self.rabbit_vy += 0.1
        rabbit_bounce_y = pyxel.height - self.rabbit_height

        if self.rabbit_y >= rabbit_bounce_y:
            self.rabbit_y = rabbit_bounce_y
            self.rabbit_vy = self.rabbit_vy * -0.95

    def draw(self):                                          # 描画処理
        pyxel.cls(1)
        self.draw_rabbit(self.rabbit_x, self.rabbit_y, self.rabbit_color)


Animation()                                                  # Animationクラスのインスタンスを生成。自動的に__init__が呼び出される
```

　40行目のAnimation()でAnimationクラスのインスタンスが生成され、__init__が自動的に呼び出されます。インスタンスについては6章で詳しく説明するので、ここでは「クラス名()で__init__が呼び出される」ということをおさえておいてください。__init__が呼び出されると、P.92と同じウサギのアニメーションが実行されます。クラスを作るにあたり、animation4.pyから変更した部分を見ていきましょう。

● **pyxel.run関数でアプリケーションを開始する**

　ウサギの描画と位置を計算するプログラムは、animation4.pyと同じです。大きな違いは、pyxel.show関数とpyxel.flip関数を使わなくなったことです。

　__init__が呼び出されると、pyxel.init関数の呼び出しと変数の初期化を行ったあと、**pyxel.run関数**を呼び出しています。

> 💡 **pyxel.run関数**　Pyxelアプリケーションを開始し、フレーム更新時にゲームの更新処理と描画処理を行う関数を呼び出す
>
> 書式　`pyxel.run(update, draw)`
> 引数　update：更新処理を行う関数
> 　　　draw：描画処理を行う関数
> 例　`pyxel.run(self.update, self.draw)`
> 　　アプリケーションを開始して、フレーム更新時にクラスのupdate関数とdraw関数を呼び出す

　pyxel.run関数を使うと、更新処理と描画処理が1フレームごとに自動的に呼び出されるようになります。pyxel.show関数とpyxel.flip関数を使う場合は、更新処理と描画処理を手動で呼び出す必要があり、負荷が大きくなるとカクつきが発生します。pyxel.run関数を使うと、更新処理と描画処理の呼

び出しが自動的に調整され、カクつきのないアプリを作ることができます。
　class_animation.pyでは、update関数でウサギの座標を更新し、draw関数でウサギの描画を行います。この2つの関数をpyxel.run関数の引数として渡すと、フレーム更新時にウサギの座標更新と描画が行われ、ウサギが飛び跳ね続けるアニメーションが実行されます。

● **selfの使い方に注意しよう**

　__init__で変数を定義していますが、self.変数名になっています。変数名にselfを付けることで、同じクラスにあるほかの関数でも変数を参照できるようになります。selfを付け忘れると、その関数内でしか使用できない変数になるので注意しましょう。

```
class クラス名:
    def 関数名A(self)
        self.x = 0  ……… 同じクラス内にあるほかの関数からも参照できる
        y = 0………………同じクラス内にあるほかの関数からは参照できない

    def 関数名B(self)
        self.x += 10
```

　また、同一クラスから関数を呼び出すときは、関数名の前に「self.」を付けます。そのため、draw_rabbit関数はself.draw_rabbit()で呼び出しています。クラスの中にある関数は必ずselfを引数で受け取りますが、呼び出すときは自動的にselfが第1引数として指定されます。37行目でdraw_rabbit関数を呼び出す際も、明示的に指定している引数は3つです。呼び出すときにselfを入れてしまうとエラーになるので、注意しましょう。

```
016    def draw_rabbit(self, x, y, color):  ………… 関数の定義では引数は4つ
017        pyxel.line(x + 2, y, x + 2, y + 2, color)
           ⋮
035    def draw(self):
036        pyxel.cls(1)
037        self.draw_rabbit(self.rabbit_x, self.rabbit_y, self.rabbit_color)
                                  ┈┈┈ 第1引数のselfは指定せずに残りの3つを指定する
```

クラスについては6章でも説明するよ。まずは基本的な使い方をおさえよう。

Chapter 5
Section 02 ゲームの初期化処理を作ろう

一度にたくさんのプログラムを入力するのは大変だから、少しずつ書き加えながらSpace Rescueを作っていこう。

タイピングって慣れないうちはたくさん打つの大変だから、ちょっとずつ進めていけるのは助かる〜。それで、どの部分から書きはじめたらいいのかな？

変数を初期化する部分とpyxel.run関数を呼び出すところまで、まずは書いてみよう。そのあと、ゲームの更新処理や描画処理を少しずつ足していくと作りやすいよ。

オッケー！　さっそく書いてみるね。

Space Rescueの初期化処理を作ろう

ここからはSpace Rescueのプログラムを書いていきましょう。**少しずつ書き加えながら、Space Rescueを作っていきます**。

まずはOneKeyGameクラスを定義して、__init__を呼び出します。

space_rescue.py

```
001  import pyxel
002
003  GAME_TITLE = "Space Rescue"  # ゲームタイトル ……………… 定数を定義する
004
005  SHIP_ACCEL_X = 0.06    # 宇宙船の左右方向の加速度
006  SHIP_ACCEL_UP = 0.04   # 宇宙船の上方向の加速度
007  SHIP_ACCEL_DOWN = 0.02 # 宇宙船の下方向の加速度
008  MAX_SHIP_SPEED = 0.8   # 宇宙船の最大速度
009
```

```
010    OBJECT_SPAWN_INTERVAL = 150  # オブジェクトの出現間隔(150フレーム＝5秒)
011
012
013    class OneKeyGame:
014        def __init__(self):
015            # Pyxelを初期化する
016            pyxel.init(160, 120, title=GAME_TITLE)
017
018            # ゲームをリセットする
019            self.is_title = True
020            self.reset_game()
021
022            # アプリの実行を開始する
023            pyxel.run(self.update, self.draw)
024
025        # ゲームをリセットする
026        def reset_game(self): ·······················ゲーム内で使う変数を一括で初期化する
027            # 得点を初期化する
028            self.score = 0
029
030            # 出現タイマーを初期化する
031            self.timer = 0
032
033            # 宇宙船を初期化する
034            self.ship_x = (pyxel.width - 8) / 2  # X座標
035            self.ship_y = pyxel.height / 4  # Y座標
036            self.ship_vx = 0  # X方向の速度
037            self.ship_vy = 0  # Y方向の速度
038            self.ship_dir = 1  # 宇宙船の左右の向き(-1:左,1:右)
039            self.is_jetting = False  # ジェット噴射中かどうか
040            self.is_exploding = False  # 爆発中かどうか
041
042            # マップの配置を初期化する
043            self.survivors = []  # 宇宙飛行士の配置
044            self.meteors = []  # 隕石の配置
045
046        # アプリを更新する
047        def update(self):
048            pass
049
050        # アプリを描画する
```

```
051     def draw(self):
052         pass
053
054
055 OneKeyGame()
```

　このプログラムでは、変数の初期化を行っているだけなので、画面には何も表示されません。ゲームに使用する変数の初期化を行っているのはreset_game関数です。__init__では、pyxel.init関数、pyxel.run関数に加えて、reset_game関数を呼び出しています。P.109では__init__で変数の初期化を行いましたが、Space Rescueではゲームオーバーになるたびに、ゲームを最初の状態に戻す必要があります。そのため、変数の初期化は別の関数として分割しておきます。またゲーム内で固定値として扱いたいデータは、クラス定義の外側で定数として作っておきます。個々の変数については、このあと処理を作る流れで説明していきます。

　update関数とdraw関数はこれから処理を書き加えていきますが、ここでは処理が何もないことを表す **pass（パス）文** を使っています。関数を作ったものの具体的な処理が決まっていないときなど、一時的にpass文を入れておきます。

```
def 関数名(self):
    pass……………………… 処理が何もないことを表す
```

ブロックを空にしておくとエラーになってしまうんだ。一時的に何もしないブロックを作りたいときはpass文を入れておこう。

5章のサンプルプログラムについて

　前述のとおり、5章ではspace_rescue.pyに少しずつプログラムを書き足していきながら、Space Rescueを作っていきます。P.6にてサンプルデータの配布方法を案内していますが、space_rescue.pyはゲームが完成した状態と、途中段階のものを配布しています。chapter5フォルダの直下にあるspace_rescue.pyは完成版のプログラム（P.150の状態）です。途中段階のプログラムは、掲載ページに対応するフォルダの下に、該当ページと同じ状態のspace_rescue.pyが置いてあります。

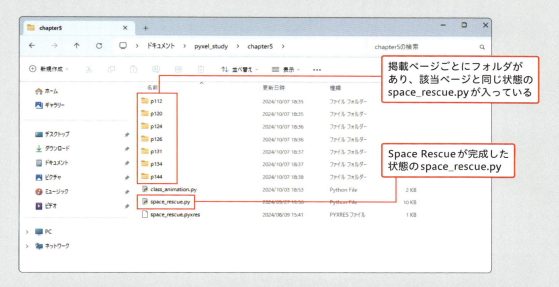

　書き足している途中で記述を誤ってしまった人など、途中段階の正解のプログラムを確認したい場合は、掲載ページごとのspace_rescue.pyを参照してください。

　各段階のサンプルプログラムが全部用意してあるのは助かる！

　以降では、変更していない部分のプログラムは省略して掲載するよ。省略されている部分を確認したいときも、配布しているサンプルファイルを確認するといいよ。

Chapter 5
Section 03 画像を表示してみよう

宇宙船を操作するゲームだから、次は宇宙船を表示させたいな。

それじゃあ、リソースファイルを読み込んで、画面に宇宙船のドット絵を表示する処理を作ってみようか。

リソースファイルってどういうものなの？

リソースは資源という意味があって、ゲームで使う画像や音楽のデータをまとめたファイルのことをリソースファイルと呼ぶんだ。このゲームで使うリソースファイルを確認してみよう。

リソースファイルを準備しよう

　ゲーム作りには、画像やサウンドといったリソース（データ）が必要です。Pyxelでは、画像、タイルマップ、サウンド、ミュージックの4種類のデータを**pyxres形式**のファイル（Pyxelリソースファイル）として1つにまとめて管理します。

　配布しているサンプルデータのchapter5フォルダに、Space Rescueで使用するリソースファイルのspace_rescue.pyxresが入っています。space_rescue.pyとspace_rescue.pyxresを同じフォルダに置きましょう。この章では、2章で作ったpyxel_studyフォルダの中に、chapter5フォルダを作ってspace_rescue.pyを入れています。そのため、chapter5フォルダにspace_rescue.pyxresを置きます。

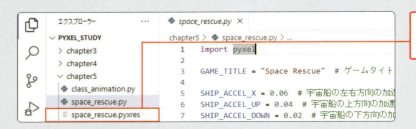

Pyxelリソースファイルは、Pyxelに付属する**Pyxel Editor**というツールを使って作成します。Pyxelをインストールするだけで使用でき、ドット絵を描いたり、サウンドを作成したりできます。Pyxel Editorは次のコマンドを入力して起動します。

```
pyxel edit Pyxelリソースファイル名
```

ここではchapter5フォルダに入れたspace_rescue.pyxresを開きたいので、VSCodeのターミナルに次のようにコマンドを入力しましょう。

```
pyxel edit ./chapter5/space_rescue.pyxres
```

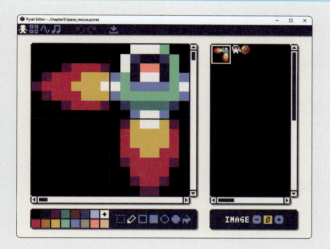

space_rescue.pyxresをPyxel Editorで開くと、イメージエディタにSpace Rescueで使用する画像が表示されます。Pyxel Editorでは、イメージエディタ、タイルマップエディタ、サウンドエディタ、ミュージックエディタの4種類のエディタを切り替えて、それぞれのエディタでドット絵やタイルマップ、サウンド、ミュージックを編集します。各エディタは以降の章や付録（P.264参照）で説明します。

何らかの変更を行った場合、Ctrl+S（macOSはcontrol+S）を押すか、ウィンドウの💾をクリックすると変更内容が保存されます。保存を行わずに、ウィンドウ上部の［×］をクリックして閉じると、変更内容は破棄されます。

● イメージエディタ

イメージエディタでは、**イメージバンク**というPyxelアプリケーションで使用する画像を編集できます。イメージバンクのサイズは1枚あたり256×256ピクセルで、左上がX座標0、Y座標0です。画面右側のイメージバンクビューでイメージバンクのどの部分を編集するかを指定し、画面左側のイメージキャンバスで画像を編集します。

イメージキャンバス上でマウスカーソルを移動すると、画面の右上にマウスカーソルの位置を表す座標が表示されます。これにより、宇宙船はＸ座標8、Ｙ座標0の位置に描かれていることがわかります。なお、左側は4つの四角で区切られていますが、四角1つあたりの大きさは縦横が8ピクセルです。

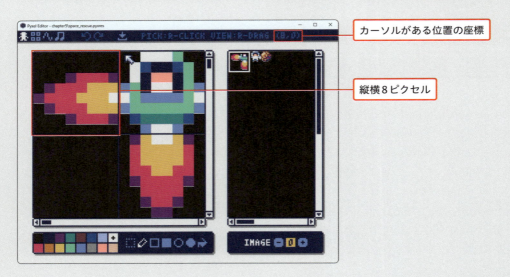

また、イメージバンクは3枚あり、0〜2の数字が振られています。画面右下の[＋][－]でイメージバンクを切り替えられます。space_rescue.pyxresで使用しているイメージバンクは0だけなので、1と2のイメージバンクに切り替えても何も表示されません。

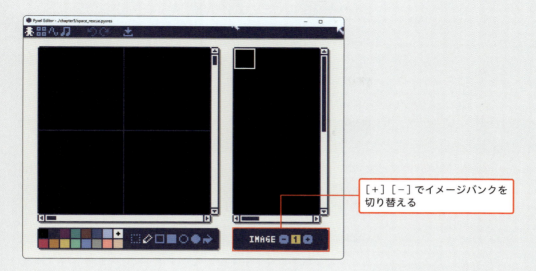

イメージバンクに絵を描く方法は、P.266で説明します。

● サウンドエディタ

　をクリックすると、サウンドを編集するサウンドエディタが表示されます。作れるサウンドは64個で、0から順番に番号が振られています。space_rescue.pyxresには4つのサウンドが入っており、［▶］で再生、SOUNDの横にある［＋］［－］で編集するサウンドを切り替えられます。

　画面中央部分（ピアノロール）は、左側にあるピアノの鍵盤に対応する音程になっており、左から順番に赤点が表す音が再生されます。赤点はクリックで追加でき、[Back space]（macOSは[Delete]）で削除できま

す。サウンドの作成についても、P.275であらためて説明します。Space Rescueのリソースを確認できたので、［×］をクリックしてPyxel Editorを終了させましょう。

なお、space_rescue.pyxresでは、タイルマップとミュージックを使用していないため、6章以降でタイルマップエディタとミュージックエディタを説明します。

画面に画像を表示させよう

space_rescue.pyxresを読み込んで、宇宙船を画面に表示させます。Pyxelアプリケーションで使うリソースファイルは、**pyxel.load関数**で読み込みます。リソースファイルの読み込みは、pyxel.init関数の直後に行うとよいでしょう。space_rescue.pyにコードを追加していきます。

space_rescue.py（__init__のみ抜粋）

```
014    def __init__(self):
015        # Pyxelを初期化する
016        pyxel.init(160, 120, title=GAME_TITLE)
017
018        # リソースファイルを読み込む
019        pyxel.load("space_rescue.pyxres") ……………… pyxel.load関数の呼び出しを追加
020
021        # ゲームをリセットする
022        self.is_title = True
023        self.reset_game()
024
025        # アプリの実行を開始する
026        pyxel.run(self.update, self.draw)
```

ここでは、19行目でpyxel.load関数を呼び出しています。

pyxel.load関数　リソースファイルを読み込む

- 書式　`pyxel.load(file)`
- 引数　`file：読み込むリソースファイル名の文字列`
- 例　`pyxel.load("space_rescue.pyxres")`
  リソースファイルのspace_rescue.pyxresを読み込む

space_rescue.pyxresを読み込んだので、画像を表示したり、サウンド再生したりできるようになりました。続いて、宇宙船を描画するdraw_ship関数を作り、draw関数から呼び出すようにしましょう。

Chapter 5 ワンキーゲームを作ろう

▸ space_rescue.py（抜粋）

```
049        # アプリを更新する
050        def update(self):
051            pass
052
053        # 宇宙船を描画する
054        def draw_ship(self):                       ……… draw_ship関数を追加
055            pyxel.blt(                             ……… pyxel.blt関数で画像を描画する
056                self.ship_x,  # 描画位置のX座標
057                self.ship_y,  # 描画位置のY座標
058                0,            # 参照するイメージバンク番号
059                8,            # 参照イメージの左上のX座標
060                0,            # 参照イメージの左上のY座標
061                8,            # 参照イメージの幅
062                8,            # 参照イメージの高さ
063                0,            # 色番号0を透明色として扱う
064            )
065
066        # アプリを描画する
067        def draw(self):
068            # 画面を描画する
069            self.draw_ship()                       ……… draw_ship関数の呼び出しを追加
070
071
072    OneKeyGame()
```

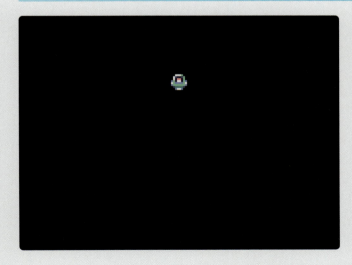

実行すると画面に宇宙船が描画されます。画像の描画を行っているのは **pyxel.blt関数** です。pyxel.

121

blt関数は、イメージバンクから指定した範囲の領域を画面にコピーします。引数が多いので、それぞれの引数にどのような意味があるのかを覚えておきましょう。

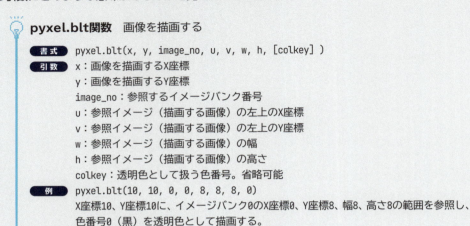

宇宙船本体はイメージバンクの0番に描かれており、参照する範囲はX座標8、Y座標0、幅8、高さ8です。また黒になっている部分は、透明として扱いたいので第8引数は0にします。

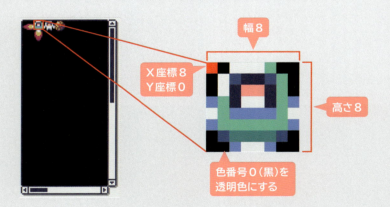

この参照した画像が画面の指定した位置に描画されます。

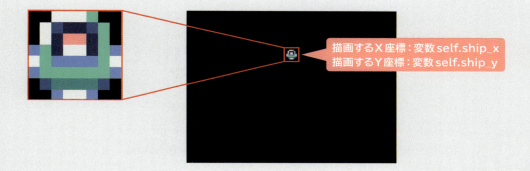

　pyxel.blt関数の第8引数では、参照する画像に使われている色を透明色として指定できます。透明色に指定された色は画面に描画されません。例えば、背景が色番号5で塗りつぶされた状態で、宇宙船を描画するときに色番号0を透明色に指定しなかった場合、次のように黒が描画されます。

　Space Rescueでは、宇宙船や宇宙飛行士、隕石が重なって描画されることがあります。色番号0が透明色として指定されていない場合、黒が描画されることで画像が欠けているように見えてしまいます。

　非表示にしたい色は、pyxel.blt関数の第8引数で指定を忘れないようにしましょう。ジェット噴射をするアニメーションや、座標を更新する処理などは、次節以降で追加していきます。

Chapter 5
Section 04 背景やスコアを描画しよう

宇宙船を表示させたところで、次は背景や文字などの要素を描画していこう。

さっき見たイメージバンクには、背景の画像は入っていなかったと思うけど。

背景や文字は画像を使わずに描画しているんだ。

そうだったんだ！

簡単に実現できるPyxelの関数があるから試してみよう。

背景をグラデーションで表現してみよう

ここでは背景となる空の描画処理を追加します。空を描画するdraw_sky関数を作り、draw関数で呼び出しましょう。

▶ space_rescue.py（抜粋）

```
049    # アプリを更新する
050    def update(self):
051        pass
052
053    # 空を描画する
054    def draw_sky(self): ……………………… draw_sky関数を追加
055        num_grads = 4    # グラデーションの数
056        grad_height = 6  # グラデーションの高さ
057        grad_start_y = pyxel.height - grad_height * num_grads    # 描画開始位置
```

```
058
059            pyxel.cls(0)
060            for i in range(num_grads):
061                pyxel.dither((i + 1) / num_grads)  # ディザリングを有効にする
062                pyxel.rect(
063                    0,
064                    grad_start_y + i * grad_height,
065                    pyxel.width,
066                    grad_height,
067                    1,
068                )
069            pyxel.dither(1)  # ディザリングを無効にする
070
071        # 宇宙船を描画する
072        def draw_ship(self):

…（省略）…

084        # アプリを描画する
085        def draw(self):
086            # 画面を描画する
087            self.draw_sky() ·························· draw_sky関数の呼び出しを追加
088            self.draw_ship()
089
090
091    OneKeyGame()
```

画面下部に背景の空が描画されました。空はpyxel.cls関数で画面を塗りつぶしたあと、**pyxel.dither関数**とpyxel.rect関数を組み合わせてグラデーションを描画しています。

> **pyxel.dither関数** ディザリング（擬似半透明）を設定する
> 書式 `pyxel.dither(alpha)`
> 引数 alpha：0～1の範囲で指定。0に近いほど透明（無地）に近い模様になる
> 例 `pyxel.dither(0.5)`
> 以降に描画するもののディザリングを0.5にする

ディザリングとは、ドットを網目状に配置する描画方法で、半透明を擬似的に表現する際に使用します。pyxel.dither関数により、以降に描画する対象をディザリングし、設定する透明度（alpha）を少しずつ変えていくことでグラデーションのような表現になります。

60～68行目では、pyxel.dither関数でディザリングを設定し、pyxel.rect関数で四角の描画を4回繰り返すことで、空のグラデーションを表現しています。

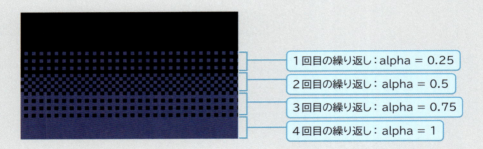

空を描画したあとは、pyxel.dither(1)でディザリングを無効（透過しない）にします。無効にするのを忘れてしまうと、以降に描画されたものもディザリングされます。

文字を表示しよう

次は文字の描画です。救出した宇宙飛行士の人数をスコアとして表示する処理を作ってみましょう。draw_score関数にスコアの描画処理を作り、draw関数で呼び出します。

space_rescue.py（抜粋）

```
081            0,  # 色番号0を透明色として扱う
082        )
083
084    # スコアを描画する
085    def draw_score(self):                    draw_score関数を追加
```

```
086                score = f"SCORE:{self.score}"
087                for i in range(1, -1, -1):
088                    color = 7 if i == 0 else 0
089                    pyxel.text(3 + i, 3, score, color)
090
091        # アプリを描画する
092        def draw(self):
093            # 画面を描画する
094            self.draw_sky()
095            self.draw_ship()
096            self.draw_score() ·················· draw_score関数の呼び出しを追加
097
098
099    OneKeyGame()
```

　draw_scoreにより、スクリーンの左上に「SCORE:0」のような形式で、救出した宇宙飛行士の数を表す情報が表示されます。86行目では、**f-strings（f文字列）** と呼ばれる書き方で、文字列の中に変数の埋め込みを行っています。これにより、変数に代入されている数値が、文字列に反映されます。

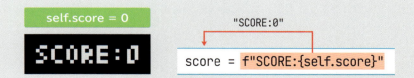

実際に文字を描画しているのは89行目の**pyxel.text関数**です。

> **pyxel.text関数**　文字を描画する
>
> 書式　pyxel.text(x, y, string, color)
> 引数　x：文字を描画するX座標
> 　　　y：文字を描画するY座標
> 　　　string：描画する文字列
> 　　　color：描画する文字の色番号
> 例　　pyxel.text(10, 10, "HELLO", 7)
> 　　　X座標10、Y座標10に「HELLO」を色番号7（白）で描画する

スコアの文字は繰り返し処理で、位置と色を変えて2つ描画しています。「range(1, -1, -1)」なので、「1、0」と降順で数値が出力されます。三項演算子（P.103）により、1回目の文字色は黒で描画し、2回目は文字色白でかつ1回目よりX座標が左に1ピクセルずれて描画されるのです。背景が黒だとわかりにくいですが、色を変えると文字が重なっていることがわかります。

文字に黒色で影をつけることで、隕石などがスコアと重なっても、文字が視認できるようになります。

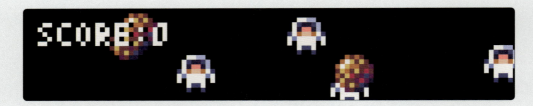

● range関数と引数

87行目のfor文では、range関数に引数を3つ指定しています。range関数は引数で指定された範囲の数値を出力する働きがありますが、引数の指定方法によって出力する数値の出し方を変えることが可能です。

range関数の引数の指定方法

例	意味
range(終了値)	0からはじまり、終了値-1の数値の集まりを出力する
range(開始値, 終了値)	開始値から、終了値-1までの数値の集まりを出力する
range(開始値, 終了値, ステップ)	開始値からステップごとに、終了値-1（ステップが負の値の場合は終了値+1）までの数値の集まりを出力する

引数が3つの場合、数値を2刻みで出力したり、大きいほうから順に出力したりすることが可能です。

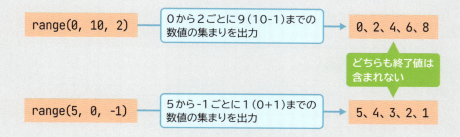

COLUMN　ゼロ埋め表示

f-stringsで「f"SCORE:{self.score}"」とした場合、変数の値がそのまま埋め込まれますが、ゼロ埋めと呼ばれる埋め込み方もあります。埋め込みたい数値（変数）のあとに「:04」を付けると、空いた桁に0を入れた4桁の数の文字列を作ることができます。任意の桁数を指定することが可能で、「:05」であれば5桁、「:06」であれば6桁になります。

```
score = f"SCORE:{self.score:04}"
```

self.score = 0の場合
SCORE:0000

self.score = 123の場合
SCORE:0123

Chapter 5
Section 05 タイトルを表示しよう

だんだんとゲーム画面っぽくなってきた気がする！

そうだね。ここからはupdate関数で行う更新処理も作っていこうか。

宇宙船の移動とか？

宇宙船の移動もあるけど、タイトル画面のキー入力や隕石の追加なんかも更新処理になるよ。1つずつ順番に作っていこう。

Space Rescue の更新処理

　このゲームの更新処理を整理しておきましょう。更新処理は、キー入力や時間経過で変化する要素の状態を更新するのが役割です。Space Rescueの場合は次のように大きく5つの処理があります。

- タイトル画面で Enter を押すとゲームスタート
- キー入力に応じて宇宙船を移動させる
- 一定時間ごとに隕石と宇宙飛行士を増やす
- 宇宙船が宇宙飛行士と衝突したときにスコアを増やす
- 宇宙船が隕石と衝突したときにタイトル画面に戻す

　操作がシンプルなゲームの場合、ゲームの流れに沿って、処理を作っていくことをオススメします。Space Rescueは最初にタイトルが表示されるので、「タイトル画面で Enter を押すとゲームスタート」の処理から作りましょう。

タイトル表示中にキーが押されたかを判別しよう

タイトルを表示するかどうかは、self.is_titleの状態によって分岐させます。self.is_titleがTrueの場合はタイトル画面を表示し、Falseの場合はゲーム画面を表示します。

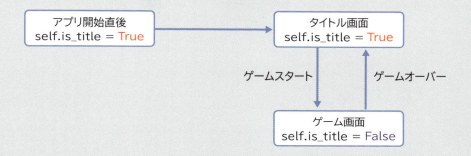

上記の流れをふまえて処理を追加していきましょう。update関数に処理を追加するとともに、タイトルを描画するdraw_title関数を作り、draw関数でdraw_title関数を呼び出すようにします。

space_rescue.py（抜粋）

```
047         self.meteors = []  # 隕石の配置
048
049     # アプリを更新する
050     def update(self):
051         # タイトル画面の時はRETURNキー（ENTERキー）の入力を待つ
052         if self.is_title:                              ……… タイトル画面かの判定を追加
053             if pyxel.btnp(pyxel.KEY_RETURN):           ……… キー入力の判定を追加
054                 self.is_title = False                  ……… Falseに変え、ゲームプレイ中とする
055                 self.reset_game()                      ……… reset_game関数の呼び出しを追加
056
057     # 空を描画する
058     def draw_sky(self):
```

…（省略）…

```
093             pyxel.text(3 + i, 3, score, color)
094
095     # タイトルを描画する
096     def draw_title(self):                              ……… draw_title関数を追加
097         for i in range(1, -1, -1):
098             color = 10 if i == 0 else 8
099             pyxel.text(57, 50 + i, GAME_TITLE, color)
```

次ページに続く ➡

```
100            pyxel.text(42, 70, "- Press Enter Key -", 3)
101
102     # アプリを描画する
103     def draw(self):
104         # 画面を描画する
105         self.draw_sky()
106         self.draw_ship()
107         self.draw_score()
108
109         # タイトル画面の時はタイトルを描画する
110         if self.is_title:          ……………………… タイトル画面かの判定を追加
111             self.draw_title()      ……………………… draw_title関数の呼び出しを追加
112
113
114 OneKeyGame()
```

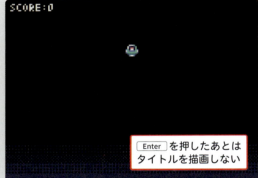

　update関数では、self.is_titleがTrueの場合、**pyxel.btnp関数**で Enter が押されたかどうかの判定を行います。

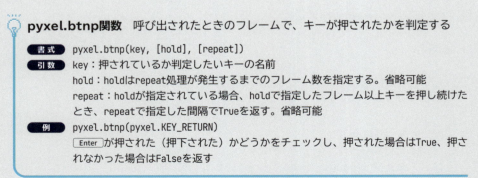

💡 **pyxel.btnp関数**　呼び出されたときのフレームで、キーが押されたかを判定する

- **書式**　pyxel.btnp(key, [hold], [repeat])
- **引数**　key：押されているか判定したいキーの名前
　　　　hold：holdはrepeat処理が発生するまでのフレーム数を指定する。省略可能
　　　　repeat：holdが指定されている場合、holdで指定したフレーム以上キーを押し続けたとき、repeatで指定した間隔でTrueを返す。省略可能
- **例**　pyxel.btnp(pyxel.KEY_RETURN)
　　　Enter が押された（押下された）かどうかをチェックし、押された場合はTrue、押されなかった場合はFalseを返す

Enterが押された場合、self.is_titleをFalseに変更し、reset_game関数を呼び出して、ゲームの状態を初期化します。ゲームオーバーになってタイトルが表示されたときも、Enterが押されることでゲームが初期化されます。

draw_title関数はdraw関数で呼び出しますが、self.is_titleがTrueのときにだけタイトルを描画したいため、if文で処理を分岐させます。draw_title関数では、draw_score関数と同じようにpyxel.text関数で文字を描画します。

なお、Pyxelのキー入力の判別に使うキー名は、「pyxel.KEY_RETURN」のほかにも次のようなものがあります。

キーの名前

キー名	キーの種類
pyxel.KEY_A	A
pyxel.KEY_0	0
pyxel.KEY_SPACE	Space
pyxel.KEY_RETURN	Enter
pyxel.KEY_LEFT	←
pyxel.KEY_RIGHT	→
pyxel.KEY_UP	↑
pyxel.KEY_DOWN	↓

pyxel.KEY_AはAを表します。pyxel.KEY_BはB、pyxel.KEY_CはCと、末尾のアルファベットによって判別したいアルファベットのキーを指定できます。同様に、pyxel.KEY_1であれば1のように、末尾の数字によって判別したい数字キーを指定できます。

キー名はPyxel上で定数として定義されているから、「pyxel.」のあとはすべて大文字であることに注意しよう。

> **COLUMN　キー名の一覧**
>
> キー名の一覧は、PyxelのGitHubで確認できます。記号や特殊キーなども使いたいという方は、下記のWebページでキー名を確認するとよいでしょう。
>
> - **Pyxel GitHub キー定義一覧**
>   https://github.com/kitao/pyxel/blob/main/python/pyxel/__init__.pyi

Chapter 5
Section 06 宇宙船を移動させよう

次は「宇宙船を移動させる」処理かな。

そうだね。宇宙船が移動できるようになれば、ゲーム全体の3分の2は完成だよ。

かなり完成に近づいてきたね。

宇宙船の移動とあわせてアニメーションも作るから追加するプログラムが少し多いけど、一緒にがんばろう！

宇宙船の移動処理を作ろう

宇宙船は Space が押されているときは上に向かって移動し、押されていないときは下に向かって移動します。また、 Space が離されたときに次に移動する方向を変更します。update_ship関数にこれらの処理を作り、update関数から呼び出すようにしましょう。

📄 space_rescue.py（抜粋）

```
047        self.meteors = []  # 隕石の配置
048
049    # 宇宙船を更新する
050    def update_ship(self): ················································· update_ship関数を追加
051        # 宇宙船の速度を更新する
052        if pyxel.btn(pyxel.KEY_SPACE):  # スペースキーが押されている時
053            self.is_jetting = True
054            self.ship_vy = max(self.ship_vy - SHIP_ACCEL_UP, -MAX_SHIP_SPEED)
055            self.ship_vx = max(
056                min(self.ship_vx + self.ship_dir * SHIP_ACCEL_X, 1), -MAX_SHIP_SPEED
057            )
058            pyxel.play(0, 0)  # チャンネル0で効果音0(ジェット音)を再生する
```

134

```python
059            else:  # スペースキーが押されていない時
060                self.is_jetting = False
061                self.ship_vy = min(self.ship_vy + SHIP_ACCEL_DOWN, MAX_SHIP_SPEED)
062
063            # スペースキーが離された時に次に進む方向を逆にする
064            if pyxel.btnr(pyxel.KEY_SPACE):
065                self.ship_dir = -self.ship_dir
066
067            # 宇宙船の位置を更新する
068            self.ship_x += self.ship_vx
069            self.ship_y += self.ship_vy
070
071            # 画面端に到達したら跳ね返す
072            if self.ship_x < 0:  # 画面左端を越えた時
073                self.ship_x = 0
074                self.ship_vx = abs(self.ship_vx)
075                pyxel.play(0, 1)  # チャンネル0で効果音1(跳ね返り音)を再生する
076
077            max_ship_x = pyxel.width - 8
078            if self.ship_x > max_ship_x:  # 画面右端を越えた時
079                self.ship_x = max_ship_x
080                self.ship_vx = -abs(self.ship_vx)
081                pyxel.play(0, 1)
082
083            if self.ship_y < 0:  # 画面上端を越えた時
084                self.ship_y = 0
085                self.ship_vy = abs(self.ship_vy)
086                pyxel.play(0, 1)
087
088            max_ship_y = pyxel.height - 8
089            if self.ship_y > max_ship_y:  # 画面下端を越えた時
090                self.ship_y = max_ship_y
091                self.ship_vy = -abs(self.ship_vy)
092                pyxel.play(0, 1)
093
094    # アプリを更新する
095    def update(self):
096        # タイトル画面の時はRETURNキー (ENTERキー )の入力を待つ
097        if self.is_title:
098            if pyxel.btnp(pyxel.KEY_RETURN):
099                self.is_title = False
```

次ページに続く ➡

Chapter 5
Section
06

```
100          self.reset_game()
101          return  # タイトル表示中は他の更新処理は行わない ········ return文を追加
102
103      # ゲームを更新する
104      self.update_ship() ································ update_ship関数の呼び出しを追加
105
106  # 空を描画する
107  def draw_sky(self):
```

　宇宙船の移動に関する処理に続けて、アニメーションの処理も作りましょう。draw_ship関数で宇宙船を描画していますが、この関数の処理を変更していきます。

📄 **space_rescue.py（抜粋）**

```
124  # 宇宙船を描画する
125  def draw_ship(self):
126      # ジェット噴射の表示位置をずらす量を計算する
127      offset_y = (pyxel.frame_count % 3 + 2) if self.is_jetting else 0
128      offset_x = offset_y * -self.ship_dir
129
130      # 左右方向のジェット噴射を描画する
131      pyxel.blt(
132          self.ship_x - self.ship_dir * 3 + offset_x,  # 描画位置のX座標
133          self.ship_y,  # 描画位置のY座標
134          0,  # 参照するイメージバンク番号
135          0,  # 参照イメージの左上のX座標
136          0,  # 参照イメージの左上のY座標
137          8 * self.ship_dir,  # 参照イメージの幅（負の値だと左右反転される）
138          8,  # 参照イメージの高さ
139          0,  # 色番号0を透明色として扱う
140      )
141
142      # 下方向のジェット噴射を描画する
143      pyxel.blt(
144          self.ship_x,
145          self.ship_y + 3 + offset_y,
146          0,
147          8,
148          8,
149          8,
150          8,
151          0,
```

```
152                )
153
154            # 宇宙船を描画する
155            pyxel.blt(self.ship_x, self.ship_y, 0, 8, 0, 8, 8, 0)
156
157        # スコアを描画する
158        def draw_score(self):
```

　実行して Enter を押したあと、ゲームがスタートし宇宙船が移動します。 Space を押している間はジェット噴射のアニメーションを実行し、 Space を離している間はジェット噴射は行いません。 Space を離すたびに、宇宙船の左右の移動方向が変わります。
　update_ship関数で更新した状態に合わせて、draw_ship関数でアニメーションの描画を行います。順番に処理の内容を確認していきましょう。

● returnで関数を終了させる

　update関数では、update_ship関数の呼び出し以外に、**return（リターン）文**も追加しています。return文は関数の処理を終了させる働きがあり、return以降に処理が書いてあってもそのプログラムは実行されません。そのため、タイトルを表示している間はupdate_ship関数が呼び出される前にupdate関数が終了します。

```
def update(self):
    # タイトル画面の時はENTERキー（RETURNキー）の入力を待つ
    if self.is_title:
        :
        return    ← 関数を終了させる

    self.update_ship()    ← 実行されない
```

137

self.is_titleがFalseになる、つまりゲームをスタートすると、97〜101行目のif文のブロックが実行されなくなり、update_ship関数が呼び出されるようになります。update_ship関数が呼び出されるようになると、Spaceで宇宙船を操作できるようになります。

● **宇宙船の速度と座標を更新する**

　52〜61行目の分岐処理は、Spaceが押されているかによって、宇宙船の速度の求め方を変えています。また、ジェット噴射中のアニメーションを描画するかどうかの判定用に、Spaceが押されている場合はTrue、押されていない場合はFalseをself.is_jettingに代入します。さらに、65行目でSpaceが離されたとき、次に進む方向を表すself.ship_dirの値を反転させています。

左に進むとき
（self.ship_dir = -1）

右に進むとき
（self.ship_dir = 1）

update関数では、キー入力の判定に**pyxel.btn関数**と**pyxel.btnr関数**を使っています。

> 💡 **pyxel.btn関数**　キーが押されているかを判定する
>
> 書式　pyxel.btn(key)
> 引数　key：押されているか判定したいキーの名前
> 例　　pyxel.btn(pyxel.KEY_SPACE)
> 　　　Spaceが押されているかを判定し、押されている場合はTrue、押されていない場合はFalseを返す

> 💡 **pyxel.btnr関数**　呼び出されたときのフレームで、キーが離されたかを判定する
>
> 書式　pyxel.btnr(key)
> 引数　key：離されたか判定したいキーの名前
> 例　　pyxel.btnr(pyxel.KEY_SPACE)
> 　　　呼び出されたときのフレームでSpaceが離されたかを判定し、離された場合はTrue、離されていない場合はFalseを返す

　P.132で説明したpyxel.btnp関数と似た働きがありますが、キー入力のどのタイミングで判定を行いたいかによって使い分けます。

- キーが押された瞬間を判定したい：pyxel.btnp関数
- キーが押し続けられているかを判定したい：pyxel.btn関数
- キーが離された瞬間を判定したい：pyxel.btnr関数

この3つの判定タイミングは、次のような図で表せます。

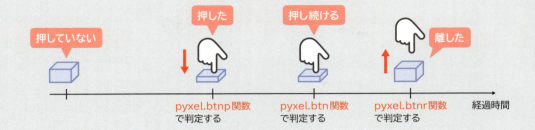

　タイトル画面からプレイ画面へ遷移するときは、キーが押された瞬間を知りたいので、pyxel.btnp関数を使います。
　また、宇宙船はキーを押し続けている間はずっと移動させたいので、pyxel.btn関数を使います。そして、キーが離された瞬間に宇宙船の移動方向を反転させたいので、pyxel.btnr関数で離されたかどうかを判定します。

押した瞬間、押し続けている、離した瞬間のうち、どこで判定を行いたいかを考えて、関数を使い分けよう。

　続いて、宇宙船の移動速度を求める処理です。ジェット噴射中は、上と横方向に加速していきますが、移動速度の最大値は超えないようにしています。逆に、ジェットを噴出していないときは、横方向の速度は変更せず、下方向にのみ加速します。

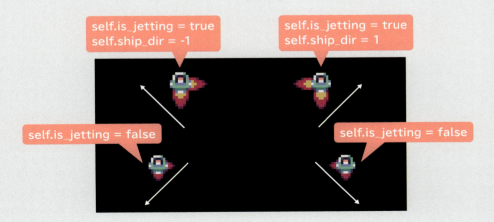

この移動速度を決めるために使っているのが、Pythonの組み込み関数である**max関数**と**min関数**です。max関数は指定された引数のうち大きい値を返し、min関数は小さい値を返します。

max関数 複数の引数のうち、もっとも大きい値を返す
- **書式** max(val1, val2, …)
- **引数** val1、val2：大きさを比較したい数値
- **例** max(1,10)
  1と10の大きさを比べ、大きい10を返す

min関数 複数の引数のうち、もっとも小さい値を返す
- **書式** min(val1, val2, …)
- **引数** val1、val2：大きさを比較したい数値
- **例** min(1, 10)
  1と10の大きさを比べ、小さい1を返す

例えば、self.ship_vyが0の場合、「self.ship_vy - SHIP_ACCEL_UP」は-0.04、「-MAX_SHIP_SPEED」は「-0.8」なので、max関数は-0.04を返します。どんどん移動速度が上がりself.ship_vyが-0.8の場合、「self.ship_vy - SHIP_ACCEL_UP」は-0.84なので、max関数は-0.8を返します。

```
max(self.ship_vy - SHIP_ACCEL_UP, -MAX_SHIP_SPEED)
```

self.ship_vy = 0

max(0 - 0.04, -0.8)

↓

max(-0.04, -0.8)

-0.04を返す

self.ship_vy = -0.8

max(-0.8 - 0.04, -0.8)

↓

max(-0.84, -0.8)

-0.8を返す

上方向の移動速度は負の数値なので、このようにmax関数を使って宇宙船の最大速度（MAX_SHIP_SPEED）を超えない範囲の移動速度を求めます。対して下方向の移動速度は正の数値なので、Space が押されていないときは、min関数を使って最大速度（MAX_SHIP_SPEED）を超えない範囲の移動速度を求めます。

速度が決まったあとは、68行目で宇宙船のX座標、69行目でY座標を更新します。self.ship_vxが正の値であれば、左から右に向かって移動、負の値であれば右から左に向かって移動します。また、self.ship_vyが正の値であれば上から下に向かって移動し、負の値であれば下から上に向かって移動します。

```
067              # 宇宙船の位置を更新する
068              self.ship_x += self.ship_vx  ………… 宇宙船のX座標を更新
069              self.ship_y += self.ship_vy  ………… 宇宙船のY座標を更新
```

● **画面端に到達したら跳ね返す**

　68、69行目で宇宙船の座標を更新しますが、座標が画面の外になってしまう場合は、宇宙船が画面から飛び出さないよう補正する必要があります。その補正を行っているのが、72〜92行目です。上下左右に画面を飛び出していないかを判別するため、if文を4つ作っています。

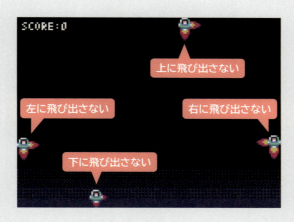

　画面の外に飛び出した場合、座標を補正するとともに、移動する方向の転換も行います。移動する方向の転換に使っているのが**abs関数**です。
　abs関数は引数の値の絶対値を返す関数です。絶対値とは0から数えた距離を表します。例えば、10の絶対値は10で、-10の絶対値も10です。

> **abs関数**　引数の値の絶対値を返す
> 書式　abs(val)
> 引数　val：絶対値を求めたい数値
> 例　　abs(-10)
> 　　　-10の絶対値である10を返す

　なお、80、91行目の場合、abs関数の前に「-」を付けています。80行目の「-abs(self.ship_vx)」の処理により、ship_vxがどんな値であっても、必ず画面の内側方向（左方向）への移動になります。

```
080      self.ship_vx = -abs(self.ship_vx) ………… 「-」により速度が必ず負の値になる
```

91行目も同様に、下方向への移動を上方向の移動に反転させています。

● **宇宙船のアニメーション**

[Space]を押している間、宇宙船はジェット噴射を行いながら移動します。そのため、宇宙船は本体、左右のジェット部分、下のジェット部分の3つに分けて、画像を描画しています。

ジェット噴射は、速度の速さに応じて表示する位置を変えており、速度が速いほどジェット噴射が長く見える位置になります。

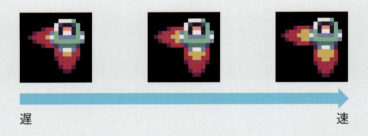

なお、pyxel.blt関数（P.122参照）を呼び出すとき、引数w（参照イメージの幅）を負の値にすると、画像を左右反転させて描画することができます。この機能を使って、self.ship_dirが「1」のときは左方向に噴射するジェットを宇宙船の左側に描画し、「-1」のときは左右反転させた右方向に噴射するジェットを右側に描画しています。

● **サウンドの再生**

宇宙船の移動に関する処理の最後に、サウンドの再生方法を確認しておきましょう。

ここまでのプログラムでは、宇宙船が画面の端でバウンドするときと、[Space]を押してジェットを噴射しているとき、効果音としてサウンドを再生させています。

> **pyxel.play関数** サウンドを再生する
> 書式　pyxel.play(ch, snd, [tick], [loop], [resume])
> 引数　ch：チャンネルの指定（0～3）
> 　　　snd：再生するサウンドの番号（0～63）
> 　　　tick：再生を開始する位置を指定。省略可能。
> 　　　loop：ループ再生をする場合にTrueを指定。省略可能。
> 　　　resume：再生終了後、直前に再生していたサウンドを復帰させたいときにTrueを指定。省略可能。
> 例　　pyxel.play(0, 1)
> 　　　チャンネル0で効果音1を再生する

　Pyxelでは、効果音を最大4つ同時に再生できます。再生の際には、使用するチャンネルを0～3の数値で指定します。すでにサウンドを再生中のチャンネルを指定してpyxel.play関数を呼び出すと、それまで再生していたサウンドは停止して、あとから指定したサウンドが再生されます。

　このあとオブジェクト（宇宙飛行士・隕石）と宇宙船との衝突処理を追加していきます。その際、衝突時の効果音はチャンネル1、ジェット噴射の効果音はチャンネル0を指定することで、同時に再生できるようにします。

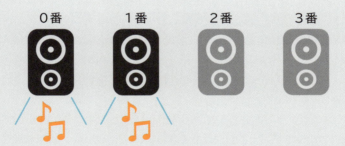

それにしてもif文の分岐処理がたくさんでてきてびっくりしちゃった。

そうだね。ゲームの場合、どのキーを押したかでキャラクターをどう動かすかが変わるし、動かした結果、キャラクターが敵やアイテムに当たったかで状態が変わるから、if文をたくさん使うんだ。

なるほど、ゲーム作りには欠かせない処理ってことね。

Chapter 5
Section 07 オブジェクトを配置しよう

ゲームの大部分はできたけど、画面に足りていないものはわかるかな？

もちろん！ 隕石と宇宙飛行士だよね。

その通り。隕石と宇宙飛行士は一定時間ごとに増やしていくから、タイマー処理と呼ばれるものを作ってみよう。

一定時間ごとにオブジェクトを配置しよう

一定時間ごとにオブジェクト（隕石、宇宙飛行士）を配置するために、タイマー処理を作りましょう。**タイマー処理**とは、ある一定の時間が経過したときに発生する処理のことです。ここでは5秒ごとに、オブジェクトを配置していきます。

update関数からオブジェクトを追加するadd_objects関数を呼び出し、その中で一定時間ごとに隕石を追加するadd_meteor関数と宇宙飛行士を追加するadd_survivor関数を呼び出します。

space_rescue.py
```
045        # マップの配置を初期化する
046        self.survivors = []  # 宇宙飛行士の配置
047        self.meteors = []    # 隕石の配置
048
049        # 宇宙船から一定距離離れた位置をランダムに生成する（離す距離）
050    def generate_distanced_pos(self, dist):  ············ generate_distanced_pos関数を追加
051        while True:
052            x = pyxel.rndi(0, pyxel.width - 8)
053            y = pyxel.rndi(0, pyxel.height - 8)
054            diff_x = x - self.ship_x
055            diff_y = y - self.ship_y
056            if diff_x**2 + diff_y**2 > dist**2:
```

```
057            return (x, y)
058
059     # 宇宙飛行士を追加する
060     def add_survivor(self):·················· add_survivor関数を追加
061         survivor_pos = self.generate_distanced_pos(30)  # 宇宙船から距離を30以上離す
062         self.survivors.append(survivor_pos)  # 宇宙飛行士のリストに要素を追加
063
064     # 隕石を追加する
065     def add_meteor(self):·················· add_meteor関数を追加
066         meteor_pos = self.generate_distanced_pos(60)  # 宇宙船から距離を60以上離す
067         self.meteors.append(meteor_pos)  # 隕石のリストに要素を追加
068
069     # 宇宙船を更新する
070     def update_ship(self):

…（省略）…

112             pyxel.play(0, 1)
113
114     # オブジェクト（宇宙飛行士/隕石）を追加する
115     def add_objects(self):·················· add_objects関数を追加
116         # 一定時間ごとにオブジェクトを追加する
117         if self.timer == 0:
118             self.add_survivor()
119             self.add_meteor()
120             self.timer = OBJECT_SPAWN_INTERVAL
121         else:
122             self.timer -= 1
123
124     # アプリを更新する
125     def update(self):
126         # タイトル画面の時はRETURNキー（ENTERキー）の入力を待つ
127         if self.is_title:
128             if pyxel.btnp(pyxel.KEY_RETURN):
129                 self.is_title = False
130                 self.reset_game()
131             return  # タイトル画面では他の更新処理は行わない
132
133     # ゲームを更新する
134     self.update_ship()
135     self.add_objects()·················· add_objects関数の呼び出しを追加
```

次ページに続く ➡

```
136
137    # 空を描画する
138    def draw_sky(self):
```

続いて、宇宙飛行士を描画するdraw_survivors関数と、隕石を描画するdraw_meteors関数を作ります。

space_rescue.py

```
185        # 宇宙船を描画する
186        pyxel.blt(self.ship_x, self.ship_y, 0, 8, 0, 8, 8, 0)
187
188    # 宇宙飛行士を描画する
189    def draw_survivors(self):·············· draw_survivors関数を追加
190        for survivor_x, survivor_y in self.survivors:
191            pyxel.blt(survivor_x, survivor_y, 0, 16, 0, 8, 8, 0)
192
193    # 隕石を描画する
194    def draw_meteors(self):·············· draw_meteors関数を追加
195        for meteor_x, meteor_y in self.meteors:
196            pyxel.blt(meteor_x, meteor_y, 0, 24, 0, 8, 8, 0)
197
198    # スコアを描画する
199    def draw_score(self):
200        score = f"SCORE:{self.score}"
201        for i in range(1, -1, -1):
202            color = 7 if i == 0 else 0
203            pyxel.text(3 + i, 3, score, color)

    …（省略）…

212    # アプリを描画する
213    def draw(self):
214        # 画面を描画する
215        self.draw_sky()
216        self.draw_ship()
217        self.draw_survivors()·············· draw_survivors関数の呼び出しを追加
218        self.draw_meteors()·············· draw_meteors関数の呼び出しを追加
219        self.draw_score()
220
221        # タイトルを描画する
222        if self.is_title:
223            self.draw_title()
```

```
224
225
226     OneKeyGame()
```

　ゲームを開始すると、5秒ごとにオブジェクトが追加されていきます。ここまでのプログラムでは、宇宙船の衝突処理を作っていないため、オブジェクトにぶつかっても、何も起こりません。

● タイマー処理

　タイマー処理を行っているのはadd_objects関数です。self.timerがストップウォッチのような役割を持ち、self.timerが0より大きい場合、add_objects関数が呼び出されるたびに1ずつ減っていきます。self.timerが0になると、add_survivor関数とadd_meteor関数を呼び出し、self.timerを150（OBJECT_SPAWN_INTERVAL）に戻します。

　なお、add_objects関数は1フレームごとに呼び出されるので、30fpsで150フレームは5秒（150÷30）です。OBJECT_SPAWN_INTERVALの値を変更すると、オブジェクトが追加される秒数が変わるので試してみてください。

● オブジェクトの位置決め

　オブジェクトの位置は、generate_distanced_pos関数で決めています。もし、宇宙船の近くに突然隕石が出現すると、避けきれずにゲームオーバーになってしまう可能性があります。そのため、

generate_distanced_pos関数では、宇宙船との距離が受け取った引数の値より離れているランダムな座標を生成します。

宇宙船の位置を座標A、オブジェクトの位置を座標Bとしたとき、次のような式で指定された距離よりも離れているかを判定できます。「**」はべき乗を行う演算子で（P.34参照）、「**2」で2乗の値を求めます。

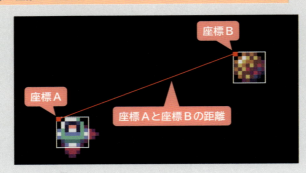

宇宙船とオブジェクトの距離が、引数で受け取った距離より離れていた場合、オブジェクトの座標を呼び出し元に戻り値（P.72）として返します。呼び出し元では、受け取った座標をリストに追加します。

COLUMN 関数と戻り値

returnのあとに式を入れると、式の結果が戻り値として返ります。また、タプルを使うことで複数の値を返すこともできます。その際に「return (a, b, …)」のような通常のタプルの表記以外に、「return a,b, …」のようにカッコを省略した書き方も可能です。

```
def double_value(n):
    return n * 2 ················ 戻り値を1つ返す

ans = double_value(10) ············ 戻り値をansに入れる
```

```
def double_value(n):
    return n * 2, n * 4 ············ 戻り値を2つ返す

ans1, ans2 = double_value(10) ············ 戻り値の1つ目をans1、2つ目をans2に入れる
```

● オブジェクトの管理方法

　宇宙飛行士はself.survivors、隕石はself.meteorsというリストでそれぞれのオブジェクトの座標を管理します。また、座標にはX座標とY座標の2つの値があるため、この値をセットで管理する必要があります。そのため、generate_distanced_pos関数では、**タプル**という形式で生成した座標を返しています。

　タプルは複数の値をセットにして1つの値として扱う形式で、タプルを作るときは値を,（カンマ）で区切り、全体を()で囲みます。

```
pos = (10, 20)
```
……………… 10と20を要素に持つタプルを変数posに代入

　X座標とY座標の要素を持つタプルは、append関数でリストに追加できます。

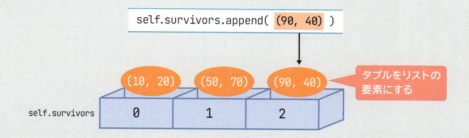

　リストに入れたタプルからX座標とY座標を取り出しているのが、190行目と195行目です。190行目の場合、for文で繰り返すたびに、タプルの1つ目の要素（X座標）がsurvivor_xに入り、タプルの2つ目の要素（Y座標）がsurvivor_yに入ります。

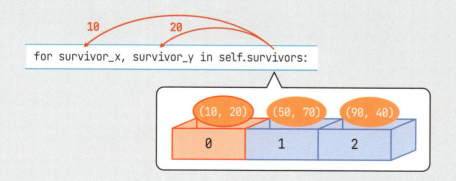

隕石と宇宙飛行士の描画自体は、宇宙船と同じようにpyxel.blt関数を使っているから、詳しい説明は割愛するね。

Chapter 5
Section 08 衝突判定を追加しよう

最後に宇宙船とオブジェクトの衝突判定を作っていこう。あともう少しで完成だよ。

長かったけど、動かしながら要素を追加していったから、どんなことをやっているかは理解できた気がする！

衝突判定とあわせて、ゲームオーバーやスコア加算の処理など、残りの細かい処理も作って、ゲームを完成させよう。

座標を使って衝突判定を行おう

衝突判定を行うために、check_ship_collision関数、handle_survivor_collisions関数、handle_meteor_collisions関数を作ります。

宇宙船と隕石、宇宙船と宇宙飛行士の衝突判定自体は同じ処理なので、宇宙船と隕石の衝突判定を行うhandle_meteor_collisions関数と、宇宙船と宇宙飛行士の衝突判定を行うhandle_survivor_collisions関数から、check_ship_collision関数を呼び出します。

space_rescue.py

```
121        else:
122            self.timer -= 1
123
124    # 宇宙船とオブジェクトの衝突判定を行う（対象のX座標,対象のY座標）
125    def check_ship_collision(self, x, y):  ……check_ship_collision関数を追加
126        return abs(self.ship_x - x) <= 5 and abs(self.ship_y - y) <= 5
127
128    # 宇宙船と宇宙飛行士の衝突判定を行う
129    def handle_survivor_collisions(self):  ……handle_survivor_collisions関数を追加
130        new_survivors = []
131        for survivor_x, survivor_y in self.survivors:
132            if self.check_ship_collision(survivor_x, survivor_y):
133                self.score += 1
```

ワンキーゲームを作ろう **Chapter 5**

```python
134                    pyxel.play(1, 2)  # チャンネル1で効果音2(救助音)を再生する
135                else:
136                    new_survivors.append((survivor_x, survivor_y))
137            self.survivors = new_survivors
138
139        # 宇宙船と隕石の衝突判定を行う
140        def handle_meteor_collisions(self):  ……handle_meteor_collisions関数を追加
141            for meteor_x, meteor_y in self.meteors:
142                if self.check_ship_collision(meteor_x, meteor_y):
143                    self.is_exploding = True
144                    self.is_title = True
145                    pyxel.play(1, 3)  # チャンネル1で効果音3(爆発音)を再生する
146
147        # アプリを更新する
148        def update(self):
149            # タイトル画面の時はRETURNキー (ENTERキー )の入力を待つ
150            if self.is_title:
151                if pyxel.btnp(pyxel.KEY_RETURN):
152                    self.is_title = False
153                    self.reset_game()
154                return  # タイトル画面では他の更新処理は行わない
155
156            # ゲームを更新する
157            self.update_ship()
158            self.add_objects()
159            self.handle_survivor_collisions() ……handle_survivor_collisions関数の呼び出しを追加
160            self.handle_meteor_collisions() ……handle_meteor_collisions関数の呼び出しを追加
161
162        # 空を描画する
163        def draw_sky(self):
```

　最後に、宇宙船が隕石に衝突したときに描画する、爆発のアニメーションをdraw_space関数に追加します。

```python
210            # 宇宙船を描画する
211            pyxel.blt(self.ship_x, self.ship_y, 0, 8, 0, 8, 8, 0)
212
213            # 爆発を描画する
214            if self.is_exploding:
215                blast_x = self.ship_x + pyxel.rndi(1, 6)
216                blast_y = self.ship_y + pyxel.rndi(1, 6)
217                blast_radius = pyxel.rndi(2, 4)
```

次ページに続く ➡

```
218              blast_color = pyxel.rndi(7, 10)
219              pyxel.circ(blast_x, blast_y, blast_radius, blast_color)
220
221      # 宇宙飛行士を描画する
222      def draw_survivors(self):
```

　宇宙船と宇宙飛行士が衝突した場合、衝突した宇宙飛行士を消し、スコアを1増やします。逆に、宇宙船と隕石が衝突した場合、ゲームオーバーとなり爆発アニメーションとタイトルを描画します。

● **衝突判定**

　check_ship_collision関数は、オブジェクトのX座標とY座標を受け取り、宇宙船のX座標とY座標のそれぞれとのずれが5以内であるかを判定します。この衝突判定では、X座標のずれが5以内かつY座標のずれが5以内と、2つの条件をどちらも満たしている必要があります。そのため、126行目では**and（アンド）演算子**を利用しています。

　and演算子は、左右にある値または式の結果がどちらもTrueであるとき、結果がTrueになります。どちらか片方でもFalseの場合、結果はFalseになります。例えば、次のような位置関係である場合、Y座標のずれは5以下ですが、X座標のずれが5より大きいため、衝突していないとみなします。

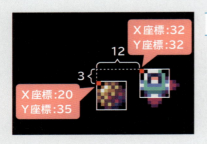

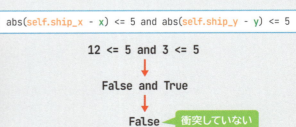

次のように、X座標とY座標のずれがどちらも5以下の場合、衝突したとみなします。

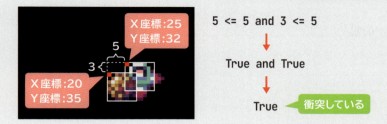

なお、宇宙船と宇宙飛行士が衝突していた場合、衝突した宇宙飛行士を画面から消す必要があります。繰り返し中にリストの要素を削除すると、意図したとおりに繰り返しが行われなくなってしまうため、衝突していない宇宙飛行士は136行目で一時的にリストである変数new_survivorsに入れておきます。そして繰り返し処理の終了後に、new_survivorsをself.survivorsに代入します。

> **COLUMN** 論理演算子
>
> 複数の条件式を組み合わせたいときは**論理演算子**を使います。and演算子も論理演算子の1つです。ほかには、**or（オア）演算子**と**not（ノット）演算子**があります。
>
> **論理演算子**
>
> | 演算子 | 意味 | 書式 |
> | --- | --- | --- |
> | and | 左右の値（式の結果）が両方ともTrueのときにTrueになる。それ以外の場合はFalseになる | x and y |
> | or | 左右の値（式の結果）のどちらかがTrueであればTrueになる。両方ともFalseのときはFalseになる | x or y |
> | not | 右の値（式の結果）がTrueのときはFalse、FalseのときはTrueになる | not x |

● 爆発は円で表現

宇宙船が隕石に衝突したとき、爆発しているような表現を作りたいため、143行目でself.is_explodingをTrueにします。そして、self.is_explodingがTrueのときのみ、215～219行目で爆発を描画します。爆発の描画に画像を使う方法もありますが、ここではpyxel.rndi関数とpyxel.circ関数で実現しています。

爆発を描画するX座標とY座標、円の大きさ、円の色をpyxel.rndi関数で乱数を使って決めます。それにより、不規則な位置と大きさで4色の円が描画され、何かが弾けたような爆発を表現しています。

まとめ

これでSpace Rescueの完成だ！

ばんざーい！

ゲーム作りでよく使う処理はこのゲームに詰まっているから、ほかのゲームを作るときに応用できるよ。

うんうん。シンプルなゲームだけど、画像の表示やキー入力、衝突判定はほかのゲームでも使えそうね。

ひとまずこのゲームは完成だけど、時間制限を設けたり、宇宙飛行士より隕石の数を増やしたり、自由にアレンジしてみるといいよ。

5章で学んだこと

- **Pyxelでゲームを作るときの基本的な処理の流れ**
  - classでクラスを作る
  - pyxel.run関数を使う
- **Pyxelで画像や音楽などのリソースを使う方法**
  - pyxel.load関数でリソースファイルを読み込む
  - pyxel.blt関数で画像を描画する
  - pyxel.play関数でサウンドを再生する
- **キー入力を判定する処理の作り方**
  - pyxel.btnp関数、pyxel.btn関数、pyxel.btnr関数を使う
- **衝突判定の仕組み**

CHAPTER 6
シューティングゲームを作ろう

シューティングゲーム「Mega Wing」

目指せエースパイロット！
どんどん攻撃が激しくなる
弾幕シューティング

ゲームの遊び方

- タイトル画面で Enter を押すとゲーム開始
- ↑↓←→ で自機を動かす
- Space で弾を撃つ（押し続けると連射する）
- 敵や敵の攻撃に当たるとゲームオーバー

ゲーム仕様

- ゲームのシーンをタイトル画面、プレイ画面、ゲームオーバー画面の３つに分ける
- 15秒経過ごとに難易度を上げる
- 敵は３種類。一定時間ごとに敵を出現させる
- 倒した敵の数をSCORE（スコア）として表示する
- 難易度に応じて、獲得できるSCOREも上がる

シューティングゲームを作ろう **Chapter 6**

今度はレトロゲームの定番ジャンル、シューティングゲームを作ってみよう！

前のゲームとは何が違うの？

5章のSpace Rescueで動くのは宇宙船だけだったよね。シューティングゲームの場合、プレイヤー（自機）以外に敵、自機の弾、敵の弾を同時に動かすから、本格的なゲームを作るときに必要な基礎知識を学べるんだ。

そういえば、敵や弾によっても動きが違うよね。

そうそう。それに自機と敵、自機と敵の弾、敵と自機の弾と、それぞれの衝突判定も必要なんだ。

ってことは、プログラムもすごい複雑になるのか……。

たしかにSpace Rescueよりも難しい処理になるけど、複数のクラスに処理を分けることで、個々の処理はシンプルにできるんだよ。ここで本格的なゲームの作り方をおさえておけば、作れるゲームの幅がグッと広がるよ。

それなら一安心！

6章の目的

- 複数のクラスを組み合わせてゲームを作る方法を学ぶ
- 複数ある画面の遷移方法を学ぶ
- 増減するキャラクターの管理方法を学ぶ
- キャラクターの大きさに合わせた衝突判定の方法を学ぶ

157

Chapter 6
Section 01

機能ごとにクラスを分けて
ゲームを作ろう

複雑なプログラムを作る場合、何から考えはじめたらいいのかな？

まずは、おおまかにどんな処理のかたまりがあるかを考えて、そこから1つずつ順番に個別の処理を作っていくといいよ。

なるほど、木を見る前に、まずは森全体を把握することが大切ってことだね。

オブジェクト指向でゲームを作る

　シューティングゲームでは、複数の敵が同時に動いたり、その敵が弾を撃ったりと、さまざまな要素を動かしつつ、データを管理する必要があります。Mega Wingの場合、次のように8つの要素が画面に登場します。

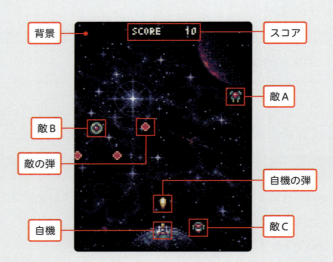

このような複数の要素が混在する複雑なプログラムの場合、**オブジェクト指向**という考え方を使うとプログラムが作りやすくなります。

● オブジェクト指向とは

オブジェクト指向とは、**「データ」**と、関連する**「操作（機能）」**をひとまとめにした**「部品（オブジェクト）」**を作り、その部品を組み合わせてプログラムを作る手法です。自機のデータと機能、敵のデータと機能、弾のデータと機能といったように、データと機能をセットにしておくと、プログラムを再利用しやすく、あとから修正しやすいなどのメリットがあります。

このオブジェクトを作るための設計図にあたるものがクラスです。クラスに変数や関数を定義し、クラスを元にオブジェクトを作って、データを管理したり、関数を呼び出したりします。クラスを元に生成したオブジェクトは、**インスタンス**と呼ばれます。

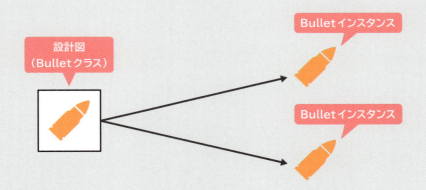

インスタンスは「クラス名()」で生成することができ、実は5章ですでにインスタンスの生成を行っていました。

クラス名()　…………　インスタンスの生成

Chapter 6 Section 01

段階ごとに分けてあるサンプルプログラムを実行していこう

本章では**「Mega Wing」の開発工程を7段階に分けたサンプルプログラムを実行**していきます。

段階が進むたびに少しずつ処理が増えていきます。サンプルプログラムを実行し、処理の内容を確認しながら、どのような流れで複数のクラスを組み合わせたプログラムを作っていくのかも学んでいきましょう。

● メイン処理と背景処理

まずはゲームの土台となるGameクラスと、背景を描画するBackgroundクラスを作った状態のサンプルプログラムです。次のmega_wing1.pyを実行してみてください。

mega_wing1.py

```
001  import pyxel
002
003
004  # 背景クラス
005  class Background:
006      NUM_STARS = 100   # 星の数
007
008      # 背景を初期化してゲームに登録する
009      def __init__(self, game):
010          self.game = game   # ゲームへの参照
011          self.stars = []    # 星の座標と速度のリスト
012
013          # 星の座標と速度を初期化してリストに登録する
014          for i in range(Background.NUM_STARS):
```

```
015        x = pyxel.rndi(0, pyxel.width - 1)  # X座標
016        y = pyxel.rndi(0, pyxel.height - 1)  # Y座標
017        vy = pyxel.rndf(1, 2.5)  # Y方向の速度
018        self.stars.append((x, y, vy))  # タプルとしてリストに登録
019
020        # ゲームに背景を登録する
021        self.game.background = self ················· Backgroundインスタンスを入れる
022
023    # 背景を更新する
024    def update(self):
025        for i, (x, y, vy) in enumerate(self.stars):
026            y += vy
027            if y >= pyxel.height:  # 画面下から出たか
028                y -= pyxel.height  # 画面上に戻す
029            self.stars[i] = (x, y, vy)
030
031    # 背景を描画する
032    def draw(self):
033        pyxel.blt(0, 0, 1, 0, 0, 120, 160)
034
035        # 星を描画する
036        for x, y, speed in self.stars:
037            color = 12 if speed > 1.8 else 5  # 速度に応じて色を変える
038            pyxel.pset(x, y, color)
039
040
041 # ゲームクラス(ゲーム全体を管理するクラス)
042 class Game:
043    def __init__(self):
044        # Pyxelを初期化する
045        pyxel.init(120, 160, title="Mega Wing")
046
047        # リソースファイルを読み込む
048        pyxel.load("mega_wing.pyxres")
049
050        # ゲームの状態を初期化する
051        self.score = 0  # スコア
052        self.background = None  # 背景
053
054        # 背景を生成する(背景はシーンによらず常に存在する)
055        Background(self) ······························· Backgroundインスタンスを生成する
```

次ページに続く ➡

```
056
057            # ゲームの実行を開始する
058            pyxel.run(self.update, self.draw)
059
060       # ゲーム全体を更新する
061       def update(self):
062            # 背景を更新する
063            self.background.update()  ·················· 背景を更新する
064
065       # ゲーム全体を描画する
066       def draw(self):
067            # 画面をクリアする
068            pyxel.cls(0)
069
070            # 背景を描画する
071            self.background.draw()  ·················· 背景を描く
072
073            # スコアを描画する
074            pyxel.text(39, 4, f"SCORE {self.score:5}", 7)
075
076
077  # ゲームを生成して開始する
078  Game()
```

実行すると、背景とスコアが画面に表示されます。ゲームの土台はGameクラスです。78行目の「Game()」でGameインスタンスを生成し、Gameクラスの__init__が呼び出され、ゲームの状態を初期化します。基本的な処理の流れは5章のspace_rescue.pyと同じですが、インスタンスを入れるための変数も用意しています。そのあと55行目で、Backgroundクラスのインスタンスが生成され、Backgroundクラスの__init__が呼び出されます。

```
052        self.background = None  # 背景
053
054        # 背景を生成する(背景はシーンによらず常に存在する)
055        Background(self)
```

Backgroundクラスの__init__には、引数が2つあることに注目しましょう。selfはBackgroundインスタンスで、gameがGameインスタンスです。

```
008    # 背景を初期化してゲームに登録する
009    def __init__(self, game):
010        self.game = game  # ゲームへの参照
```

10行目の「self.game = game」で、Backgroundインスタンスが持つself.gameにGameインスタンスを入れます。そして、21行目の「self.game.background = self」で、Gameインスタンスのself.backgroundにBackgroundインスタンスを入れます。こうすることで、Gameクラスのupdate関数やdraw関数で、Backgroundインスタンスの関数を呼び出せるようになります。

```
020        # ゲームに背景を登録する
021        self.game.background = self ………… Backgroundインスタンスを入れる
```

なお、インスタンスを変数に入れる場合、**参照**と呼ばれるインスタンスの保存場所を表す情報が入ります。そのため、Backgroundインスタンスや以降の節で作るPlayerインスタンスなどから、同じGameインスタンスを操作(アクセス)することができます。

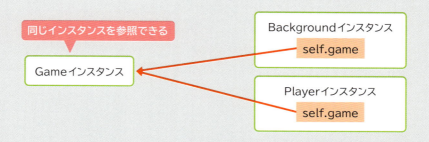

Chapter 6
Section
01

インスタンス変数とクラス変数

Backgroundクラスには、関数外で定義されている変数と、関数内でself.を付けて定義している変数があります。クラスの関数外で定義する変数を**クラス変数**、関数内でself.を付けて定義する変数を**インスタンス変数**といいます。

```
005  class Background:
006      NUM_STARS = 100  # 星の数 ························· クラス変数
007
008      # 背景を初期化してゲームに登録する
009      def __init__(self, game):
010          self.game = game  # ゲームへの参照 ············ インスタンス変数
011          self.stars = []  # 星の座標と速度のリスト ······· インスタンス変数
```

クラス変数は、同じクラスから生成されたインスタンス間で共有されます。またクラス変数はクラス内外問わず、「クラス名.変数名」でアクセスすることが可能で、インスタンスが生成されていない状態でもアクセスできます。

例えば、Backgroundクラスの変数NUM_STARSは、クラス内外問わず、Background.NUM_STARSでアクセスできます。

```
014          for i in range(Background.NUM_STARS):
```

対してインスタンス変数は、インスタンスごとに個別の値を持ちます。またインスタンス変数は、インスタンスが生成されていない場合、アクセスすることはできません。

インスタンス変数とクラス変数の使い分け

変数の種類	用途
インスタンス変数	インスタンスごとに固有の値を持ちたいとき
クラス変数	同じクラスのインスタンスで共有する値を持ちたいとき

また、クラスに定義された関数は、**メソッド**とも呼ばれます。Backgroundクラスのupdate関数は、updateメソッドとも表現できます。本書の場合、メソッドと呼べるものも、統一して関数と表現しています。

164

一口に変数っていっても種類があったのね。

インスタンスごとに値を変えたいかどうかで、インスタンス変数にするかクラス変数にするかを使い分けよう。

COLUMN __init__ の役割

インスタンスが生成されると自動的に呼び出される__init__は、**コンストラクタ**と呼ばれる特別なメソッドです。コンストラクタは、インスタンスにあらかじめ必要なデータの変数を定義したり、リソースファイルを読み込んだりと、インスタンスの初期化を行います。
mega_wing1.pyのGameクラスのコンストラクタ（P.163）では、Backgroundインスタンスを生成して背景を描画しているだけですが、管理する要素の数が増えるにつれて、__init__の処理も増えていきます。

COLUMN PEP 8にしたがった名前の付け方

PEP 8は、Pythonのプログラムを読みやすくするための慣習的なコーディング規約です。「半角スペース4つ分入力してインデント（P.66）」はPEP 8に由来します。本書では、クラスや関数、変数の名前もPEP 8にしたがって付けています。

本書の命名規則

種類	名前の付け方	例
クラス	先頭の文字と区切りの単語を大文字にする（パスカルケース）	Game、PlayScene
変数、関数	すべて小文字にし、単語を_（ハイフン）で区切る（スネークケース）	player、check_collision
定数	すべて大文字にし、単語を_（ハイフン）で区切る（アッパースネークケース）	NUM_STARS、SCENE_TITLE

PEP 8は下記から確認できます。より読みやすいプログラムを書くための参考になるでしょう。

- PEP 8 – Style Guide for Python Code
  https://peps.python.org/pep-0008/

Chapter 6
Section 02
画面遷移の方法を学ぼう

それじゃ今度は、画面遷移に関する処理を見ていこう。

画面遷移って、画面の表示を切り替える処理ってことだよね。先に自機とか敵とかを作らなくてもいいの？

自機や敵も大事だけど、画面の切り替え処理もゲーム全体を支える重要な機能だよ。先に画面に応じた処理を作っておくと、あとが楽になるんだ。

あとが楽になるならそっちのほうがいいな。

画面の状態を変数で管理する

　Mega Wingの仕様の1つに「ゲームのシーンをタイトル画面、プレイ画面、ゲームオーバー画面の3つに分ける」があります。

タイトル画面

プレイ画面

ゲームオーバー画面

シューティングゲームを作ろう **Chapter 6**

　この仕様を実現するために、Gameクラスに画面の状態を表す3つの定数と、表示している画面の状態を表す変数sceneを作って、画面の状態を管理します。

　次のmega_wing2.pyは、前節のmega_wing1.pyに対して、画面遷移に関連する機能を追加しています。実行して、動きを確認してみましょう。

🔌 mega_wing2.py

```
001  import pyxel

     …（省略）…

043  # ゲームクラス(ゲーム全体を管理するクラス)
044  class Game:
045      SCENE_TITLE = 0  # タイトル画面
046      SCENE_PLAY = 1  # プレイ画面
047      SCENE_GAMEOVER = 2  # ゲームオーバー画面
048
049      def __init__(self):
050          # Pyxelを初期化する
051          pyxel.init(120, 160, title="Mega Wing")
052
053          # リソースファイルを読み込む
054          pyxel.load("mega_wing.pyxres")
055
056          # ゲームの状態を初期化する
057          self.score = 0  # スコア
058          self.scene = None  # 現在のシーン
059          self.background = None  # 背景
060
061          # 背景を生成する(背景はシーンによらず常に存在する)
062          Background(self)
063
064          # シーンをタイトル画面に変更する
065          self.change_scene(Game.SCENE_TITLE)
066
067          # ゲームの実行を開始する
068          pyxel.run(self.update, self.draw)
069
070      # シーンを変更する
071      def change_scene(self, scene):
072          self.scene = scene
073
```

045 …………………… シーンの定数を追加

058 ………………… 変数を追加

065 ………………… change_scene関数の呼び出しを追加

071 ………………… change_scene関数を追加

次ページに続く ➡

167

```python
074            # タイトル画面
075            if self.scene == Game.SCENE_TITLE:
076                # BGMを再生する
077                pyxel.playm(0, loop=True)
078
079            # プレイ画面
080            elif self.scene == Game.SCENE_PLAY:
081                # プレイ状態を初期化する
082                self.score = 0  # スコアを0に戻す
083
084                # BGMを再生する
085                pyxel.playm(1, loop=True)
086
087            # ゲームオーバー画面
088            elif self.scene == Game.SCENE_GAMEOVER:
089                # 画面表示時間を設定する
090                self.display_timer = 60
091
092        # ゲーム全体を更新する
093        def update(self):
094            # 背景を更新する
095            self.background.update()
096
097            # シーンを更新する ………………………………………… シーンを更新する処理を追加
098            if self.scene == Game.SCENE_TITLE:  # タイトル画面
099                if pyxel.btnp(pyxel.KEY_RETURN):
100                    pyxel.stop()  # BGMの再生を止める
101                    self.change_scene(Game.SCENE_PLAY)
102
103            elif self.scene == Game.SCENE_PLAY:  # プレイ画面
104                if pyxel.btnp(pyxel.KEY_RETURN):  ……………… 仮の処理（P.183で修正する）
105                    self.change_scene(Game.SCENE_GAMEOVER)
106
107            elif self.scene == Game.SCENE_GAMEOVER:  # ゲームオーバー画面
108                if self.display_timer > 0:  # 画面表示時間が残っている時
109                    self.display_timer -= 1
110                else:  # 画面表示時間が0になった時
111                    self.change_scene(Game.SCENE_TITLE)
112
113        # ゲーム全体を描画する
114        def draw(self):
```

```
115          # 画面をクリアする
116          pyxel.cls(0)
117
118          # 背景を描画する
119          self.background.draw()
120
121          # スコアを描画する
122          pyxel.text(39, 4, f"SCORE {self.score:5}", 7)
123
124          # シーンを描画する
125          if self.scene == Game.SCENE_TITLE:    # タイトル画面   …… シーンを描画する処理を追加
126              pyxel.blt(0, 18, 2, 0, 0, 120, 120, 15)
127              pyxel.text(31, 148, "- PRESS ENTER -", 6)
128
129          elif self.scene == Game.SCENE_GAMEOVER:    # ゲームオーバー画面
130              pyxel.text(43, 78, "GAME OVER", 8)
131
132
133  # ゲームを生成して開始する
134  Game()
```

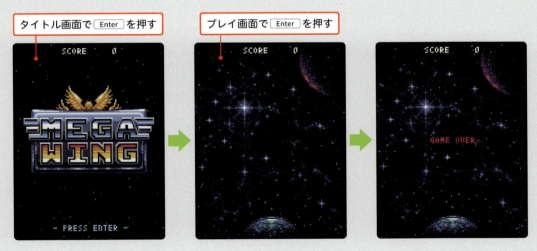

タイトル画面で Enter を押すとプレイ画面に遷移し、プレイ画面で Enter を押すとゲームオーバー画面に遷移します。そして、ゲームオーバー画面に遷移したあと、2秒（60フレーム）経過するとタイトル画面に遷移します。それでは、mega_wing2.pyに追加した画面遷移に関連する処理を見ていきましょう。

Gameクラスの直下に、3つの画面の状態を定数として定義しています。P.164で説明したように、

クラス定義の直下でselfを付けずに定義した変数はクラス変数とも呼ばれ、「クラス名.変数名」でアクセスできます。

```
044    class Game:
045        SCENE_TITLE = 0    # タイトル画面
046        SCENE_PLAY = 1     # プレイ画面
047        SCENE_GAMEOVER = 2 # ゲームオーバー画面
```

現在どのシーンであるかの状態は、Gameインスタンスの変数scene（self.scene）で管理します。

```
058        self.scene = None    # 現在のシーン
```

mega_wing2.pyでは、GameインスタンスとBackgroundインスタンスの2つのインスタンスしか生成していませんが、このあと自機や敵などのインスタンスも生成します。画面遷移をする際は、画面の状態に応じてさまざまなインスタンスを操作する必要があります。そのため、画面遷移をするときは必ずGameインスタンスのchange_scene関数を呼び出して、インスタンスの操作漏れが発生しないようにします。change_scene関数で画面の状態を変えたあと、Gameインスタンスのupdate関数とdraw関数が呼び出されると、状態にあわせて画面が描画されます。

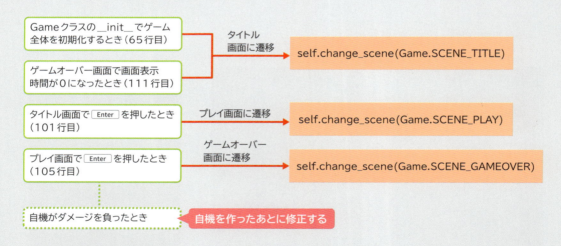

本来、プレイ画面からゲームオーバー画面へ遷移するのは、自機がダメージを負ったときです。ここではダミー処理として、プレイ画面で Enter を押すとゲームオーバー画面へ遷移するようにしておきます。

もし画面の種類が増えたときも、シーンの種類を表す定数を追加しつつ、change_scene関数に分岐処理を加えればOKだよ。

なるほどね！ ボスキャラを作って、ボスを倒したときにゲームクリア画面を出してもよさそう。

● 省略されている部分は実際のサンプルプログラムを確認する

P.167に掲載しているmega_wing2.pyでは、Backgroundクラスの定義を省略して掲載しています。実は、mega_wing1.pyとmega_wing2.pyの変更点を比較したとき、Backgroundクラスの処理も一部変更している部分があります。

mega_wing2.py（抜粋）

```
031     # 背景を描画する
032     def draw(self):
033         # タイトル画面以外で銀河を描画する
034         if self.game.scene != self.game.SCENE_TITLE:    # ★分岐処理を追加
035             pyxel.blt(0, 0, 1, 0, 0, 120, 160)
036
037         # 星を描画する
038         for x, y, speed in self.stars:
039             color = 12 if speed > 1.8 else 5    # 速度に応じて色を変える
040             pyxel.pset(x, y, color)
```

タイトル画面では、pyxel.blt関数で銀河の画像を描画しないように、分岐処理を追加しています。紙面で変更したことを説明していないプログラムについては、サンプルプログラムに「★」を付けたコメントを入れています。VSCodeの検索機能を使うと、「★」が入力された場所を調べられます。

紙面に掲載されていない変更箇所を確認したい場合は、検索機能を活用してみてください。

Chapter 6
Section 03 ミュージックの再生方法を学ぼう

Mega Wingはタイトル画面からずっとサウンドが鳴り続けてるんだけど、気が付いたかな？

いわれてみれば、ずっと音が鳴ってた！

Pyxelには効果音だけじゃなくて、BGMのようにミュージックを繰り返し再生する仕組みもあるんだ。

ミュージックを再生する関数を確認しよう

　Mega Wingには、タイトル画面用のミュージックとプレイ画面用のミュージックがあります。これらは **pyxel.playm関数** で再生させています。

 pyxel.playm関数　ミュージックを再生する

- 書式　`pyxel.playm(msc, [tick], [loop])`
- 引数　msc：再生するミュージックの番号（0〜7）
　　　　tick：再生を開始する位置を指定。省略可能。
　　　　loop：ループ再生をする場合にTrueを指定。省略可能。
- 例　`pyxel.playm(1, loop=True)`
　　　ミュージック1をループ再生する

　mega_wing2.pyでpyxel.playm関数を呼び出しているのは、77行目と85行目です。

076	# BGMを再生する
077	`pyxel.playm(0, loop=True)` ……… タイトル画面のミュージックを再生する

084	# BGMを再生する
085	`pyxel.playm(1, loop=True)` ……… プレイ画面のミュージックを再生する

ミュージックを再生中にpyxel.playm関数が呼び出されると、再生中のミュージックは停止し、あとから呼び出されたミュージックが再生されます。
また、ミュージックを含むサウンドを止めるときは、pyxel.stop関数を使います。

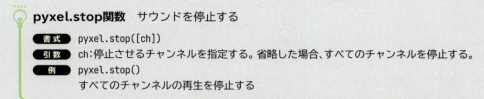

自機が敵や敵の弾に当たってゲームオーバーになるとき、ミュージックを停止させています。

ミュージックエディタを確認しよう

ミュージックもmega_wing.pyxresに含まれているので、Pyxel Editorで確認してみましょう。次のコマンドを実行して、Pyxel Editorでmega_wing.pyxresを開きます。

```
pyxel edit ./chapter6/mega_wing.pyxres
```

Pyxel Editorの画面上部にある♪をクリックすると、ミュージックエディタを表示できます。ミュージックエディタは、ミュージックを制作する画面です。

ミュージックは、複数のサウンドを組み合わせて作ります。画面下部にはサウンド番号が表示されており、そこから使用するサウンドを選びます。作れるミュージックの数は8つで、0から順番に番号が

振られています。またサウンドエディタと同じく、[▶]で再生、MUSICの横にある［＋］［－］で編集対象のミュージックを切り替えられます。

　ミュージックを作る際、サウンドを再生するチャンネルを指定することができ、最大4つのチャンネルを使用できます。チャンネル0ではサウンドが3/4/3/5の順、チャンネル1では6/7/8/9、同じくチャンネル2と3では10/11/10/12、13/14/15/16の順で、すべてのチャンネルで同時にサウンドの再生がはじまります。

チャンネルごとに配置された順番でサウンドが再生される

　しかし、4つのチャンネルをミュージックに使用してしまうと、効果音（サウンド）を再生したときにいずれかのチャンネルが途切れてしまいます。そのため、ミュージックと効果音を同時に再生させたい場合、ミュージックは3つのチャンネルで作り、効果音にチャンネルを1つ残しておくとよいでしょう。

　ミュージック1はプレイ画面で再生しますが、弾の発射音や爆発音といった効果音と同時再生するため、使用しているチャンネルは3つです。

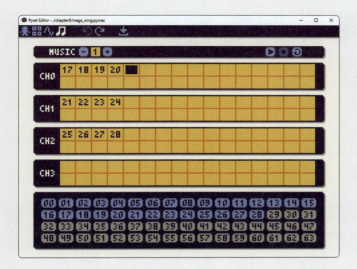

　なお、ミュージックに使用しているサウンドは3〜28番で、0〜2番には次の効果音が定義されています。

- サウンド0：弾の発射音
- サウンド1：弾に当たったときのダメージ音
- サウンド2：弾に当たったときの爆発音

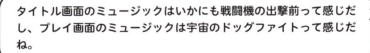

1音1音は、いわゆるレトロゲームのピコピコ音なんだけど、複数の音を同時に再生することで和音や複雑なリズムを表現することができるよ。

タイトル画面のミュージックはいかにも戦闘機の出撃前って感じだし、プレイ画面のミュージックは宇宙のドッグファイトって感じだね。

工夫次第でいろいろな曲を作ることができるんだよ。昔のゲームの曲を聴いてみると参考になるんじゃないかな。

なるほど。今度いろいろ聴いてみようっと。

Chapter 6
Section 04 自機の移動処理を見てみよう

次の段階ではゲームに登場する要素のクラスを追加しているよ。まずは自機のクラスを作って、自機をキー入力で動かせるようにしているんだ。

あれっ、自機も弾を撃つと思うんだけど、自機を動かせるようにするだけなの？

複数の要素が絡み合うプログラムを作る場合、1つずつ順番に作っていくことが大切なんだ。そのほうが確認もしやすいしね。

たしかに、確認のしやすさは大事だね。

Playerクラスを確認しよう

次のmega_wing3.pyには、自機に関する機能をまとめるPlayerクラスの定義を追加しています。実行すると自機が描画され、↑↓←→で動かせるので確認してみましょう。

mega_wing3.py

```
001  import pyxel

     …（省略）…

043  # 自機クラス
044  class Player:·······················Playerクラスを追加する
045      MOVE_SPEED = 2  # 移動速度
046
047      # 自機を初期化してゲームに登録する
048      def __init__(self, game, x, y):
```

```
049        self.game = game   # ゲームへの参照
050        self.x = x   # X座標
051        self.y = y   # Y座標
052
053        # ゲームに自機を登録する
054        self.game.player = self

…（省略）…

187 # ゲームを生成して開始する
188 Game()
```

　mega_wing3.pyに定義したPlayerクラスには、弾を撃つ処理がありません。弾を撃つ処理は、敵のクラスを定義したあとの段階で追加しています（P.187）。

● Playerインスタンスの生成と削除

　mega_wing3.pyに追加したPlayerクラスに関連する処理を追っていきましょう。
　Backgroundインスタンスと同じく、Playerインスタンスを入れる変数をGameクラスの__init__で定義します。

```
096        self.player = None   # 自機
```

Chapter 6
Section
04

　実際にPlayerインスタンスが生成されるのは、Gameクラスのchange_scene関数です。タイトル画面からプレイ画面に切り替えるときに生成されます。プレイ画面以外に切り替わるときは、変数playerにNoneを入れて削除します。

```python
107    # シーンを変更する
108    def change_scene(self, scene):
109        self.scene = scene
110
111        # タイトル画面
112        if self.scene == Game.SCENE_TITLE:
113            # 自機を削除する
114            self.player = None              自機を削除する
115
116            # BGMを再生する
117            pyxel.playm(0, loop=True)
118
119        # プレイ画面
120        elif self.scene == Game.SCENE_PLAY:
121            # プレイ状態を初期化する
122            self.score = 0  # スコアを0に戻す
123
124            # BGMを再生する
125            pyxel.playm(1, loop=True)
126
127            # 自機を生成する
128            Player(self, 56, 140)           Playerインスタンスを生成する
129
130        # ゲームオーバー画面
131        elif self.scene == Game.SCENE_GAMEOVER:
132            # 画面表示時間を設定する
133            self.display_timer = 60
134
135            # 自機を削除する
136            self.player = None              自機を削除する
```

　Playerインスタンスが生成されている場合、Playerインスタンスのupdate関数とdraw関数がGameクラスから呼び出されるようになります。

178

```
138        # ゲーム全体を更新する
139        def update(self):
140            # 背景を更新する
141            self.background.update()
142
143            # 自機を更新する
144            if self.player is not None:
145                self.player.update()  ·················· 自機を更新する

    …（省略）…

163        # ゲーム全体を描画する
164        def draw(self):
165            # 画面をクリアする
166            pyxel.cls(0)
167
168            # 背景を描画する
169            self.background.draw()
170
171            # 自機を描画する
172            if self.player is not None:
173                self.player.draw()  ···················· 自機を描画する
```

　ここでは **None（ナン）** について確認しておきましょう。変数を作るとき、ほとんどの場合は値を入れますが、値を入れずに変数だけを作りたいという場面もあります。Mega Wingでは、タイトル画面で自機は描画しないため、__init__で変数playerを作るときにNoneを入れています。Noneは、変数に何も入っていないことを表す特殊な値です。

```
self.player = None ··················· self.playerにデータが入っていない状態にする
```

変数がNoneの状態であるかどうかは、**is（イズ）演算子**で判別できます。

```
if self.player is None: ············ self.playerがNoneの場合はTrue
    条件を満たすときに実行したい処理
```

反対に、変数がNoneの状態ではないかどうかは、**is not（イズ ノット）演算子**で判別できます。

```
if self.player is not None: ······· self.playerがNoneではない場合はTrue
    条件を満たすときに実行したい処理
```

　変数がNoneのとき、または変数がNoneではないときだけ処理を行いたい場合は、is演算子やis not演算子を使った条件式を作るとよいでしょう。

Chapter 6
Section 05 敵の出現〜移動の処理を見てみよう

ダルタニャン先生！ ちょっと質問してもいいですか。

もちろん。

敵とか弾って画面の外に出たらどうなるの？ ずっと動き続けてるのかな？

目の付け所がいいね！ 画面の外に出た敵や弾は、ゲームから削除しているんだ。

へぇ〜プログラムで削除してるんだ。

今度は敵を表すEnemyクラスを動かして、敵の移動に関する処理がどうなっているかを一緒に見てみよう。

Enemyクラスを確認しよう

敵に関する処理は大きく4つに分けることができ、さらに更新処理は3段階に分かれます。

- Enemyインスタンスの生成
- Enemyインスタンスの更新
  - 座標の移動
  - 弾の発射
  - 画面外に出たとき自身を削除
- Enemyインスタンスの描画
- Enemyインスタンスのダメージ処理（自機の弾に当たった）
  - 装甲（体力）が0になったとき自身を削除

また、Mega Wingに登場する敵は3種類あり、種類によって移動パターンと攻撃パターンが異なります。

画像	種類	移動パターン	攻撃パターン
	Enemy.KIND_A	直進する	一定時間ごとに自機の方向に向けて弾を発射する
	Enemy.KIND_B	前進しながら、経過時間に応じて左右に移動する	攻撃はしない
	Enemy.KIND_C	直進する	一定時間ごとに4方向に弾を発射する

Playerクラスと同じく、まずはEnemyクラスを定義し、3種類の敵を出現させてみます。次のサンプルプログラムを実行してみてください。

mega_wing4.py

```
001  import pyxel

     …（省略）…

079  # 敵クラス
080  class Enemy:                              ←Enemyクラスを追加する
081      KIND_A = 0  # 敵A
082      KIND_B = 1  # 敵B
083      KIND_C = 2  # 敵C
084
085      # 敵を初期化してゲームに登録する
086      def __init__(self, game, kind, level, x, y):
087          self.game = game
088          self.kind = kind  # 敵の種類
089          self.level = level  # 強さ
090          self.x = x
091          self.y = y
092          self.life_time = 0  # 生存時間
093
094          # ゲームの敵リストに登録する
095          self.game.enemies.append(self)

     …（省略）…

265  # ゲームを生成して開始する
266  Game()
```

　実行してプレイ画面に遷移すると、3種類の敵がランダムに出現します。衝突判定は行っていないので、自機と敵が当たっても何も起こりません。

　また、プレイ画面で Enter を押したとき、ゲームオーバー画面に遷移する処理は、敵の出現処理に置き換えています。自機と敵の弾が当たったときの処理を作る際、あらためてゲームオーバー画面への遷移処理も作ります。

● Enemyインスタンスの生成

　Gameインスタンスは複数のインスタンスを管理していますが、Enemyインスタンスの数は、ゲームのプレイ状況によって増減します。そのため、Gameクラスの__init__では、Enemyインスタンスを入れるためのリストとして、self.enemiesを用意しています。

　また、敵は難易度にあわせて強くしたいので、難易度を決めるためのプレイ時間を表すself.play_timeと、難易度を表すself.levelも用意しておきます。

```
146         # ゲームの状態を初期化する
147         self.score = 0  # スコア
148         self.scene = None  # 現在のシーン
149         self.play_time = 0  # プレイ時間
150         self.level = 0  # 難易度レベル
151         self.background = None  # 背景
152         self.player = None  # 自機
153         self.enemies = []  # 敵のリスト
```

Enemyインスタンスは、Gameインスタンスのupdate関数が呼び出されたとき、難易度に応じた間隔で生成します。難易度は、15秒ごとに1つずつ上がっていきます。

```
220        elif self.scene == Game.SCENE_PLAY:  # プレイ画面
221            self.play_time += 1  # プレイ時間をカウントする
222            self.level = self.play_time // 450 + 1
223            # 15秒（毎秒30フレームx15）毎に難易度を1上げる
224
225            # 敵を出現させる
226            spawn_interval = max(60 - self.level * 10, 10)
227            if self.play_time % spawn_interval == 0:
228                kind = pyxel.rndi(Enemy.KIND_A, Enemy.KIND_C) … 乱数で敵の種類を求める
229                Enemy(self, kind, self.level, pyxel.rndi(0, 112), -8) … インスタンスを生成
```

生成する間隔は変数spawn_intervalで管理されており、難易度1の場合は50フレーム間隔、難易度2〜4は10フレームずつ間隔が狭くなり、難易度5以上になると10フレームごとになります。

変数spawn_intervalは難易度に応じて値が変わります。そのため敵を出現させるタイミングの判定は、self.play_time（プレイ時間）をspawn_interval（生成する間隔）で割った余りが0の場合、とすることで難易度に合わせて敵を出現させることができます。

self.play_time = 50、self.level = 1の場合

```
spawn_interval = max(60 - self.level * 10, 10)
                          ↓
                 max(60 - 1 * 10, 10)
                          ↓
                 max(50, 10)
```

```
if self.play_time % spawn_interval == 0:
                ↓
if 50 % 50 == 0:
                ↓
if 0 == 0:
```

難易度1の場合、50フレームごとにTrueになりEnemyインスタンスを生成する

Enemyインスタンスを生成したあと、Gameインスタンスの変数enemiesに追加します。変数enemiesはリストなのでappend関数で追加しています。

```
094            # ゲームの敵リストに登録する
095            self.game.enemies.append(self)
```

Chapter 6 Section 05

● **Enemyインスタンスの更新と削除**

自機（Playerインスタンス）と同じく、Gameインスタンスのupdate関数の処理中にEnemyインスタンスのupdate関数が呼び出されます。

```
209        # 敵を更新する
210        # ループ中に要素の追加・削除が行われても問題ないようにコピーしたリストを使用
    する
211        for enemy in self.enemies.copy():
212            enemy.update()
```

Enemyインスタンスのupdate関数では、敵の種類（self.kind）に応じて移動や攻撃を行い、画面下から出た場合はゲーム上から削除します。

```
097        # 敵を更新する
098        def update(self):
099            # 生存時間をカウントする
100            self.life_time += 1
101
102            # 敵Aを更新する
103            if self.kind == Enemy.KIND_A:
104                # 前方に移動させる
105                self.y += 1.2
106
107            # 敵Bを更新する
108            elif self.kind == Enemy.KIND_B:
109                # 前方に移動させる
110                self.y += 1
111
112                # 経過時間に応じて左右に移動する
113                if self.life_time // 30 % 2 == 0:
114                    self.x += 1.2
115                else:
116                    self.x -= 1.2
117
118            # 敵Cを更新する
119            elif self.kind == Enemy.KIND_C:
120                # 前方に移動させる
121                self.y += 0.8
122
123            # 敵が画面下から出たら敵リストから登録を削除する
124            if self.y >= pyxel.height:  # 画面下から出たか
```

184

```
125            if self in self.game.enemies:                    自身がリストに含まれているか
126                self.game.enemies.remove(self)  # 敵リストから登録を削除する
```

ここでは、Gameインスタンスのupdate関数でリストの**copy関数**と、Enemyインスタンスのupdate関数で**remove関数**が呼び出されていることに注目しましょう。

> **リスト.copy関数**　リストを複製する
>
> **書式**　リスト.copy()
> **引数**　なし
> **例**　a = x.copy()
> 　　　　変数aに、変数xのリストをコピーして入れる

> **リスト.remove関数**　リストから要素を削除する
>
> **書式**　リスト.remove(val)
> **引数**　val：リストから削除したい要素の値
> **例**　x.remove(10)
> 　　　　変数xのリストから最初に見つかった10を削除する

　敵を更新するとき、コピーしたリストを使って繰り返し処理を行っています。これはfor文でリストの要素を取り出している最中に、そのリストに含まれる要素が削除されると、要素のチェックがスキップされるなど意図した動作にならないためです。P.150では一時的に別のリストを使っていましたが、コピーしたリストを使って繰り返し処理を行うことで、コピー元のリストから要素が削除されても、影響を受けずに処理を行えます。敵だけではなく、自機または敵の弾も、同じようにリストをコピーしてから繰り返し処理を行っています。
　そしてタイトル画面では敵を表示しないため、すべての敵を削除しておきます。

```
168        # タイトル画面
169        if self.scene == Game.SCENE_TITLE:
170            # 自機を削除する
171            self.player = None  # プレイヤーを削除
172
173            # 全ての敵を削除する
174            self.enemies.clear()
```

　すべての敵を削除するということは、リストの要素をすべて削除するということです。リストから**clear関数**を呼び出すと、リストの要素がすべて削除されます。

Chapter 6 Section 05

 リスト.clear関数　リストの要素をすべて削除する

- 書式　リスト.clear()
- 引数　なし

敵の種類によって移動の仕方が違っていて面白いね。

前進と横移動だけだけど、後退する動きを作るのもアリだね。敵の種類を増やしたり、移動方法を変えたりすると、ゲームの難易度がアップするよ。

COLUMN　リストとタプルの違い

リストとタプルは、どちらも複数の値を1つにまとめて管理できますが、タプルはあとから要素を変更したり、追加や削除を行ったりすることができません。

```
x = (10, 20, 30, 40) …… 変数xにタプルを入れる
x[1] = 0 ……………………… 要素は変更できないのでエラーになる
x.append(50) ……………… あとから要素を追加できないのでエラーになる
x.remove(10) ……………… 要素は削除できないのでエラーになる
```

そのため、リストとタプルは次のように使い分けるとよいでしょう。

- リスト：あとから要素が変更になる情報のまとまりを管理するとき
- タプル：固定値として扱いたい情報のまとまりを管理するとき

Chapter 6
Section 06 決まった方向に弾を移動させる方法を学ぼう

だんだんと完成に近づいてきたね。次はBulletクラスを作って、自機や敵が弾を撃てるようにしよう。

えっ、一気に自機と敵の両方が弾を撃てるようにするの!?

このゲームの場合、自機と敵の弾の見た目は違うけど、決まった方向に移動するっていう処理は同じなんだ。1つのクラスで一度に両方作ることができるんだよ。

見た目が違うだけで、どちらも同じ弾なんだね。

Bulletクラスを確認しよう

自機と敵が画面にそろったところで、次の段階ではその両方が弾を撃てるようにしています。自機の弾と敵の弾で画像は違うものの、ある方向に向かって移動する、という処理自体は同じです。そのため、自機の弾も敵の弾もBulletクラスで作ります。

敵の弾
（Bullet.SIDE_ENEMY）

自機の弾
（Bullet.SIDE_PLAYER）

次のmega_wing5.pyでは、mega_wing4.pyにBulletクラスを追加して、自機と敵が弾を撃てるようにしたものです。実行して、動作を確認してみましょう。

Chapter 6
Section
06

mega_wing5.py

```python
1    import pyxel
```

… (省略) …

```python
167  # 弾クラス
168  class Bullet:                                                      Bulletクラスを追加
169      SIDE_PLAYER = 0  # 自機の弾
170      SIDE_ENEMY = 1  # 敵の弾
171
172      # 弾を初期化してゲームに登録する
173      def __init__(self, game, side, x, y, angle, speed):
174          self.game = game
175          self.side = side
176          self.x = x
177          self.y = y
178          self.vx = pyxel.cos(angle) * speed
179          self.vy = pyxel.sin(angle) * speed
180
181          # 弾の種類に応じた初期化とリストへの登録を行う
182          if self.side == Bullet.SIDE_PLAYER:
183              game.player_bullets.append(self)
184          else:
185              game.enemy_bullets.append(self)
186
187      # 弾を更新する
188      def update(self):
189          # 弾の座標を更新する
190          self.x += self.vx
191          self.y += self.vy
```

… (省略) …

```python
205      # 弾を描画する
206      def draw(self):
207          src_x = 0 if self.side == Bullet.SIDE_PLAYER else 8
208          pyxel.blt(self.x, self.y, 0, src_x, 8, 8, 8, 0)
209
```

… (省略) …

```
363    #  ゲームを生成して開始する
364    Game()
```

　Space を押すと自機が弾を撃てることが確認できます。また敵もそれぞれの攻撃パターン（P.181）で弾を撃ってきます。自機と敵の弾の衝突判定と、自機の弾と敵の衝突判定は、P.195で追加します。

弾が移動する方向を求める

　弾も敵と同じく、画面の外に出たときや、自機もしくは敵に衝突したとき、自身を削除します。インスタンスを生成してから、ゲーム上から削除する流れも、ほぼEnemyインスタンスと同じですが、移動方向の求め方に違いがあります。
　座標Aから座標Bに向かって移動するとき、進む方向を表す、X軸方向とY軸方向それぞれの速度を求めて使っています。

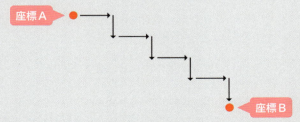

X軸方向の速度とY軸方向の速度を求めるためには、座標Aから見て、座標Bがどれだけ傾いているかという角度の情報が必要です。ここでは、この角度を角度zと定義しておきましょう。

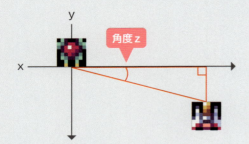

Bulletインスタンスを生成するとき、角度zにあたる値を引数angleに渡します。

```
172        # 弾を初期化してゲームに登録する
173        def __init__(self, game, side, x, y, angle, speed):
```

なお、self以外の引数は次のような値が入ります。

Bulletクラスの__init__に渡す引数

引数名	内容
game	Gameインスタンスの参照
side	弾の種別（自機、敵）
x	発射地点のX座標
y	発射地点のY座標
angle	弾の進む方向の角度（角度z）
speed	移動速度

以上をふまえて、自機、敵A、敵CのそれぞれがBulletインスタンスを生成するプログラムを確認してみましょう。

● 自機の弾

自機の弾は、Playerインスタンスのupdate関数が呼ばれたとき、Space が押されていると、一定間隔（Player.SHOT_INTERVALフレームごと）で発射します。

```
080            if pyxel.btn(pyxel.KEY_SPACE) and self.shot_timer == 0:
081                # 自機の弾を生成する
082                Bullet(self.game, Bullet.SIDE_PLAYER, self.x, self.y - 3, -90, 5)
083
```

```
084                # 弾発射音を再生する
085                pyxel.play(3, 0)
086
087                # 次の弾発射までの残り時間を設定する
088                self.shot_timer = Player.SHOT_INTERVAL
```

　自機の弾は、画面の下から上に向かって移動します。Pyxelの場合、画面上である座標から右側が0度、真下が90度、左側が180度です。180度を超えると負の値に反転するので、真上は-90度と表現します。つまり、角度zは-90になります。

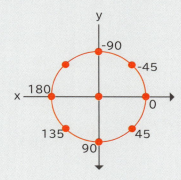

● 敵の弾

　敵A（Enemy.KIND_A）は、一定時間ごとに自機に向かって弾を発射します。自機は移動するので角度zは可変です。そのため、Enemyインスタンスのcalc_player_angle関数を使って、角度zを求めます。

```
131                # 一定時間毎に自機の方向に向けて弾を発射する
132                if self.life_time % 50 == 0:
133                    player_angle = self.calc_player_angle()
134                    Bullet(self.game, Bullet.SIDE_ENEMY, self.x, self.y, player_angle, 2)
```

　calc_player_angle関数で角度zを求める際、すでに自機が被弾して存在していない場合もあるので、if文で処理を分岐します。

```
113            # 自機の方向の角度を計算する
114            def calc_player_angle(self):
115                player = self.game.player
116                if player is None:  # 自機が存在しない時
117                    return 90
118                else:  # 自機が存在する時
119                    return pyxel.atan2(player.y - self.y, player.x - self.x)
```

自機が存在する場合、**pyxel.atan2関数**を使って角度zを求めます。

> 💡 **pyxel.atan2関数**　Y座標/X座標の逆正接を度数で求める
>
> **書式**　pyxel.atan2(y, x)
>
> **引数**　y：Y座標
> 　　　　x：X座標
>
> **例**　pyxel.atan2(20, 50)
> 　　　Y座標20、X座標50の逆正接を度数で求める

　数値計算を行う関数なので難しく感じるかもしれませんが、次の式で角度zを求められることをおさえておきましょう。

```
角度z =
pyxel.atan2(目標地点のY座標 － スタート地点のY座標, 目標地点のX座標 － スタート地点のX座標)
```

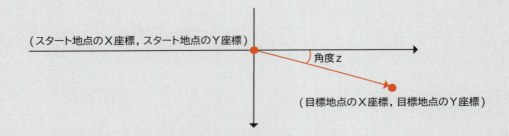

　敵C（Enemy.KIND_C）の場合、一定時間ごとに4方向に向けて弾を発射するので、for文の繰り返し処理で4つのBulletインスタンスを生成します。なお、方向は固定なので、calc_player_angle関数は使っていません。

```
152            # 一定時間毎に４方向に弾を発射する
153            if self.life_time % 40 == 0:
154                for i in range(4):
155                    Bullet(self.game, Bullet.SIDE_ENEMY, self.x, self.y, i * 45 + 22, 2)
```

● **Bulletインスタンスの初期化**
　Bulletインスタンスが生成されると、__init__の初期化処理で弾の移動方向の速度を求めます。

```
172            # 弾を初期化してゲームに登録する
173            def __init__(self, game, side, x, y, angle, speed):
174                self.game = game
175                self.side = side
176                self.x = x
177                self.y = y
```

```
178            self.vx = pyxel.cos(angle) * speed
179            self.vy = pyxel.sin(angle) * speed
180
181            # 弾の種類に応じた初期化とリストへの登録を行う
182            if self.side == Bullet.SIDE_PLAYER:
183                game.player_bullets.append(self)
184            else:
185                game.enemy_bullets.append(self)
```

　X軸方向の速度を求めるためには **pyxel.cos関数** を使い、Y軸方向の速度を求めるためには **pyxel.sin関数** を使っています。

pyxel.cos関数　　角度の余弦（コサイン）を求める

- 書式　pyxel.cos(deg)
- 引数　deg：コサインを求めたい角度
- 例　　pyxel.cos(45)
　　　　45度のコサインを求める

pyxel.sin関数　　角度の正弦（サイン）を求める

- 書式　pyxel.sin(deg)
- 引数　deg：サインを求めたい角度
- 例　　pyxel.sin(45)
　　　　45度のサインを求める

　気付いた読者の方もいるかと思いますが、スタート地点から目標地点への移動速度を求めるために、数学の三角関数を利用しているのです。Pyxelの場合、次の式で目標地点に対するX軸方向の速度と、Y軸方向の速度を求められるので、ぜひ覚えておいてください。

```
X軸方向の速度 = pyxel.cos(角度z) * 移動速度
Y軸方向の速度 = pyxel.sin(角度z) * 移動速度
```

　update関数が呼び出されるたびに、self.vx（X軸方向の速度）とself.vy（Y軸方向の速度）を、self.x（弾のX座標）、self.y（弾のY座標）にそれぞれ足していくことで、弾を目標地点に向かって移動させます。

ある座標に向かって移動させたいときは、上の式を使ってX軸方向とY軸方向の速度を求める、ということを覚えておこう。

COLUMN　pyxel.sqrt関数で座標間の距離を求める

ここまでにpyxel.rndi関数やpyxel.cos関数など、Pyxelに用意された数学関数をいくつか説明してきました。本書のサンプルプログラムでは使っていませんが、座標間の距離を求めたいときはPyxelの数学関数の一種である**pyxel.sqrt関数**を使うと便利です。

pyxel.sqrt関数　平方根（ルート）を求める

- 書式　`pyxel.sqrt(val)`
- 引数　val：ルートを求める対象の数値
- 例　`pyxel.sqrt関数(10)`
  10のルートを求める

例えば、次のような座標Aと座標Bの距離は、pyxel.sqrt関数を使った以下の式で求めることができます。

求めたい距離＝
pyxel.sqrt((座標AのX座標-座標BのX座標)**2 ＋ (座標AのY座標-座標BのY座標)**2)

Chapter 6
Section 07 ゲームの楽しさが増す 衝突判定の作り方を学ぼう

衝突判定なら、Space Rescueでも作ったので任せて！

Space Rescueと同じ方法で衝突判定を作ると、衝突しているようには見えなくても、衝突したと判定されてしまうかもしれないよ。

え〜そうなの!?　それは困るかも。

シューティングゲームならではのコツがあるから、わかばちゃんに伝授しよう。

衝突処理を確認する

　Mega Wingでは、自機が敵や敵の弾に当たるとゲームオーバーになり、自機の弾が敵に当たるとスコアが加算されます。この仕様を実現するためには、次の3パターンの衝突判定が必要です。

①自機（Playerインスタンス）と敵（Enemyインスタンス）
②自機（Playerインスタンス）と敵の弾（Bulletインスタンス）
③敵（Enemyインスタンス）と自機の弾（Bulletインスタンス）

　また、弾との衝突判定を行って衝突したと判定された場合、自機の場合は自機を消してゲームオーバーにしたり、敵の場合はスコアを加算したりといった処理も行います。
　次のmega_wing6.pyでは、衝突判定を汎用的に行えるようにcheck_collisionという関数と、インスタンスごとに衝突したあとの処理を行うadd_damageという関数をクラスごとに定義して、それぞれ呼び出しています。実行して、動作を確認してみましょう。

mega_wing6.py
```
001    import pyxel
```

次ページに続く

```
…（省略）…
254  # キャラクター同士のヒットエリアが重なっているか判定する
255  def check_collision(entity1, entity2):
256      entity1_x1 = entity1.x + entity1.hit_area[0]
257      entity1_y1 = entity1.y + entity1.hit_area[1]

…（省略）…

456  # ゲームを生成して開始する
457  Game()
```

自機が敵の弾と衝突すると、ゲームオーバー画面に遷移するようになりました。また、敵も装甲（変数armor）が0の状態で自機の弾に衝突すると、画面から敵が消えます。

絵の大きさに合わせた衝突判定

5章で衝突判定の方法を学びましたが、Space RescueとMega Wingでは少し異なる点があります。
　Space Rescueの宇宙船や隕石は、参照範囲（8×8ピクセル）の領域いっぱいに絵が描かれているため、Ｘ座標とＹ座標の差がどちらも5以下の場合、衝突したとみなしていました。

　しかし、Mega Wingの場合、キャラクターによって隙間の大きさが異なるので、変数hit_areaに当たり判定の領域を設定し、衝突判定に使っています。当たり領域の設定には、領域の左上のX座標とY座標、右下のX座標とY座標、これら4つの値が必要ですので、タプルで値をまとめて管理します。

`self.hit_area = (左上のX座標, 左上のY座標, 右下のX座標, 右下のY座標)`

変数hit_areaの設定値

種別	左上のX座標	左上のY座標	右下のX座標	右下のY座標
自機	1	1	6	6
敵	0	0	7	7
自機の弾	2	1	5	6
敵の弾	2	2	5	5

上記の設定を使って、赤枠の範囲が重なったときに衝突したと判断します。

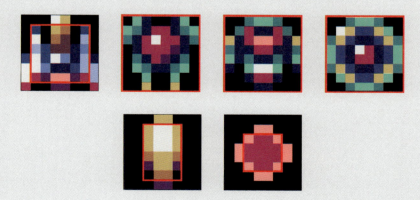

　ゲーム作り、特にシューティングゲームを制作する際のコツとして、あえて見た目とは異なる範囲を当たり判定に設定する方法があります。自機や敵の弾の当たり判定を小さくすることで、多少重なって

いても衝突していないとみなされ、紙一重でギリギリ弾を避けるようなスリリングなプレイを演出できます。この仕掛けにより、プレイヤーは「うまく避けられた」という錯覚を感じやすくなり、ゲームの手応えや楽しさが増すことが期待できます。Mega Wingでは、自機は6×6ピクセル、敵の弾は4×4ピクセルと、中心部分を当たり領域に設定し、画像よりやや小さくしています。

● check_collision 関数

それでは、衝突判定のプログラムを見ていきましょう。先述のとおり、衝突判定そのものはcheck_collision関数で行います。汎用的に使用するため、クラス定義の外で通常の関数として定義しています。また、check_collision関数の呼び出しは、Gameインスタンスのupdate関数で、インスタンスの更新を行う繰り返し処理で行います。

```python
357    # ゲーム全体を更新する
358    def update(self):
359        # 背景を更新する
360        self.background.update()
361
362        # 自機を更新する
363        if self.player is not None:
364            self.player.update()
365
366        # 敵を更新する
367        # ループ中に要素の追加・削除が行われても問題ないようにコピーしたリストを使用する
368        for enemy in self.enemies.copy():
369            enemy.update()
370
371            # 自機と敵の当たり判定を行う ·························· 衝突判定
372            if self.player is not None and check_collision(self.player, enemy):
373                self.player.add_damage()  # 自機にダメージを与える
374
375        # 自機の弾を更新する
376        for bullet in self.player_bullets.copy():
377            bullet.update()
378
379            # 自機の弾と敵の当たり判定を行う ·················· 衝突判定
380            for enemy in self.enemies.copy():
381                if check_collision(enemy, bullet):
382                    bullet.add_damage()  # 自機の弾にダメージを与える
383                    enemy.add_damage()  # 敵にダメージを与える
384
385                    if self.player is not None:  # 自機が存在する時
```

```
386                    self.player.sound_timer = 5  # 弾発射音を止める時間を設定する
387
388          # 敵の弾を更新する
389          for bullet in self.enemy_bullets.copy():
390              bullet.update()
391
392          # プレイヤーと敵の弾の当たり判定を行う ················· 衝突判定
393          if self.player is not None and check_collision(self.player, bullet):
394              bullet.add_damage()  # 敵の弾にダメージを与える
395              self.player.add_damage()  # 自機にダメージを与える
```

　check_collision 関数は、衝突判定を行いたいインスタンス（キャラクター）を受け取り、それぞれの変数 x、変数 y、変数 hit_area を使って、当たり判定の領域が重なっているかを判定します。

```
254  # キャラクター同士のヒットエリアが重なっているか判定する
255  def check_collision(entity1, entity2):
256      entity1_x1 = entity1.x + entity1.hit_area[0]····· キャラクター1の当たり判定の座標を求める
257      entity1_y1 = entity1.y + entity1.hit_area[1]
258      entity1_x2 = entity1.x + entity1.hit_area[2]
259      entity1_y2 = entity1.y + entity1.hit_area[3]
260
261      entity2_x1 = entity2.x + entity2.hit_area[0]····· キャラクター2の当たり判定の座標を求める
262      entity2_y1 = entity2.y + entity2.hit_area[1]
263      entity2_x2 = entity2.x + entity2.hit_area[2]
264      entity2_y2 = entity2.y + entity2.hit_area[3]
265
266      # キャラクター1の左端がキャラクター2の右端より右にある
267      if entity1_x1 > entity2_x2:
268          return False
269
270      # キャラクター1の右端がキャラクター2の左端より左にある
271      if entity1_x2 < entity2_x1:
272          return False
273
274      # キャラクター1の上端がキャラクター2の下端より下にある
275      if entity1_y1 > entity2_y2:
276          return False
277
278      # キャラクター1の下端がキャラクター2の上端より上にある
279      if entity1_y2 < entity2_y1:
280          return False
```

次ページに続く ➡

```
281
282        # 上記のどれでもなければ重なっている
283        return True
```

　衝突判定を行う座標を求め、上下左右のそれぞれの方向で離れていることを判定する4つのif文のうち、1つでも条件を満たすものがあれば衝突しなかったと判断し、呼び出し元にFalseを返します。反対に、いずれの条件も満たさない場合は、当たり領域が重なっている状態ですので、Trueを返します。

　例えば、当たり領域が6×6ピクセルの自機と、当たり領域が4×4ピクセルの敵の弾の衝突判定を行うとき、次のような位置関係は衝突していないと判定されます。

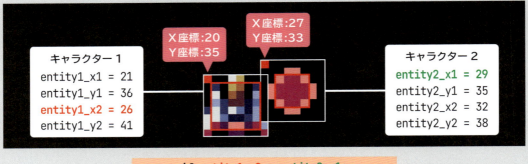

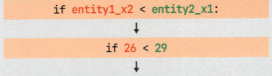

あえて当たり領域を小さくすることで、いわゆる神回避なプレイが楽しめるんだ。当たり領域を変えるとプレイ感覚が変わるから、試してみるといいよ。

うん！　気になるのであとで試してみよっと。

● **add_damage関数**

　check_collision関数で衝突したと判定された場合、インスタンスごとにadd_damage関数を呼び出します。自機（Playerインスタンス）の場合は、自機を削除し、画面をゲームオーバー画面に変更します。

```
059        # 自機にダメージを与える
060        def add_damage(self):
061            # BGMを止めて爆発音を再生する
062            pyxel.stop()
063            pyxel.play(0, 2)
064
065            # 自機を削除する
066            self.game.player = None
067
068            # シーンをゲームオーバー画面に変更する
069            self.game.change_scene(self.game.SCENE_GAMEOVER)
```

　敵（Enemyインスタンス）の場合は、装甲（self.armor）が残っているかどうかで処理を分岐させます。装甲が残っている（self.armorが0より大きい）場合、「self.armor -= 1」で装甲を減らし、returnでadd_damage関数を終了させます。装甲が残っていない状態（self.armorが0以下）になると、敵自身を削除し、スコアを加算します。

```
128        # 敵にダメージを与える
129        def add_damage(self):
130            if self.armor > 0:    # 装甲が残っている時
131                self.armor -= 1
132
133                # ダメージ音を再生する
134                pyxel.play(2, 1, resume=True)   # チャンネル2で割り込み再生させる
135                return
136
137            # 敵をリストから削除する
138            if self in self.game.enemies:    # 敵リストに登録されている時
139                self.game.enemies.remove(self)
140
141            # スコアを加算する
142            self.game.score += self.level * 10
```

　なお、スコアを加算する際、敵のレベル（self.level）に応じてスコアが高くなります。

弾は、自機の弾が敵と衝突したときと、敵の弾が自機と衝突したとき、どちらも弾自身を削除するよ。Bulletクラスのadd_damage関数の処理は、mega_wing6.pyを確認しよう。

Chapter 6
Section 08 エフェクトの作り方を学ぼう

ここまでのプログラムでも、シューティングゲームとして遊べる状態になったけど、最後にゲームを盛り上げるためのエフェクトを追加しよう。

そういえば、5章でSpace Rescueを作ったときも、爆発演出は最後に追加したよね。

ゲームのルールと直接関係しないエフェクトは、ゲームの基本処理を作ったあとに追加することが多いんだ。エフェクトはゲームの基本処理が完成したあとのほうが追加しやすいからね。

そうなんだ。納得です。

Blastクラスを確認しよう

最後にゲームを盛り上げるための爆発エフェクトを追加します。Blastクラスを定義して、PlayerクラスとEnemyクラスのadd_damage関数から呼び出すようにします。

mega_wing7.py

```
001  import pyxel

     …（省略）…

059      # 自機にダメージを与える
060      def add_damage(self):
061          # 爆発エフェクトを生成する
062          Blast(self.game, self.x + 4, self.y + 4)  ………… Blastインスタンスを生成する
063
064          # BGMを止めて爆発音を再生する
```

```
065        pyxel.stop()
066        pyxel.play(0, 2)
067
068        # 自機を削除する
069        self.game.player = None
070
071        # シーンをゲームオーバー画面に変更する
072        self.game.change_scene(self.game.SCENE_GAMEOVER)

…（省略）…

272 # 爆発エフェクトクラス
273 class Blast: ······························ Blastクラスを追加する
274     START_RADIUS = 1   # 開始時の半径
275     END_RADIUS = 8   # 終了時の半径
276
277     def __init__(self, game, x, y):
278         self.game = game
279         self.x = x
280         self.y = y
281         self.radius = Blast.START_RADIUS   # 爆発の半径
282
283         # ゲームの爆発エフェクトリストに登録する
284         game.blasts.append(self)
285
286     # 爆発エフェクトを更新する
287     def update(self):
288         # 半径を大きくする
289         self.radius += 1
290
291         # 半径が最大になったら爆発エフェクトリストから登録を削除する
292         if self.radius > Blast.END_RADIUS:
293             self.game.blasts.remove(self)
294
295     # 爆発エフェクトを描画する
296     def draw(self):
297         pyxel.circ(self.x, self.y, self.radius, 7)
298         pyxel.circb(self.x, self.y, self.radius, 10)

…（省略）…
```

次ページに続く ➡

```
512    # ゲームを生成して開始する
513    Game()
```

　実行すると、自機が敵や敵の弾に当たったとき、敵が自機の弾と当たって消滅するときに、爆発アニメーションが表示されます。Space Rescueと同じように（P.153）、Blastクラスでもdraw関数でpyxel.circ関数とpyxel.circb関数を使って、爆発を円で表現しています。

ダメージエフェクトの作り方

　敵は難易度に応じて体力にあたる装甲が増えるため、自機の弾に当たっても消滅しない場合があります。そこで、敵と自機の弾が当たったことがわかるように、敵のダメージエフェクトもmega_wing7.pyで追加しています。Enemyクラスのdraw関数を見てみましょう。

```
204    # 敵を描画する
205    def draw(self):
206        if self.is_damaged:
207            self.is_damaged = False
208            for i in range(1, 15):
209                pyxel.pal(i, 15)  ……………… カラーパレットの色を変更する
210            pyxel.blt(self.x, self.y, 0, self.kind * 8 + 8, 0, 8, 8, 0)
211            pyxel.pal()  ……………… カラーパレットを初期状態にする
```

```
212            else:
213                pyxel.blt(self.x, self.y, 0, self.kind * 8 + 8, 0, 8, 8, 0)
```

　ダメージエフェクトにself.is_damagedを追加し、self.is_damagedがTrueのときに演出を行います。演出といってもBlastクラスのように専用のクラスは作らず、**pyxel.pal関数**を使って敵の画像の色を一時的に変更します。

> 💡 **pyxel.pal関数**　カラーパレットの色を置き換える
>
> 【書式】 pyxel.pal(col1, col2)
> 【引数】 col1：変更対象の色番号
> 　　　　col2：変更後の色番号
> 【例❶】 pyxel.pal(0, 15)
> 　　　　色番号0を色番号15の色にする
> 【例❷】 pyxel.pal()
> 　　　　カラーパレットを初期状態に戻す

　pyxel.pal関数は、カラーパレットの色を置き換える働きがあり、それ以降に描画する画像の色を変更することができます。

　mega_wing7.pyでは、208、209行目の繰り返しにより、カラーパレットの1から14までの色がすべて色番号15の色に変更されます。そのため、以降に描画される黒以外のすべての色が色番号15になります。その状態でpyxel.blt関数で敵を描画すると、色番号15の単色で描画されます。

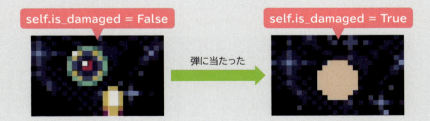

　pyxel.pal関数は引数を指定せずに「pyxel.pal()」とすると、カラーパレットを初期状態に戻すことができます。カラーパレットを変更すると以降に描画する画像や図形も影響を受けてしまうため、敵画像の色を変えて描画したあとは「pyxel.pal()」でカラーパレットを初期状態に戻しておきましょう。

pyxel.pal関数を使えば、画像が点滅するアニメーションを簡単に作れるってことだね。

まとめ

本格的なシューティングゲームのプログラムの作り方を勉強したけど、どうだった？

複雑な処理もあったけど、クラスごとに処理が分かれていたから、どこでどんな処理を行っているのかはわかりやすかったかな。

うんうん。複数の要素が同時に出現するゲームの場合、要素ごとにクラスを作って、インスタンスをリストで管理するっていう方法をよく使うから覚えておくといいよ。

強そうなボスを作ったり、無敵になるアイテムを作ったりしても面白くなりそう！

いいね！　その調子でわかばちゃんのアイデアをゲームに反映してみよう！

6章で学んだこと

- オブジェクト指向のプログラミング
    - データと操作をひとまとめにしたオブジェクト（インスタンス）を作る
    - インスタンスはクラスを元に生成する
- 定数を使って、画面の状態を管理する
- pyxel.playm関数でBGMを再生する
- インスタンスをリストで管理する
    - リスト.copy関数でリストを複製する
    - リスト.remove関数でリストから要素を削除する
- 当たり判定の領域を設定して衝突判定を行う

アクションゲーム「Cursed Caverns」

怪物だらけの呪われた洞窟を探検して、伝説の宝石を見つけ出そう！

ゲームの遊び方

- タイトル画面で Enter を押すとゲーム開始
- ←→ で移動し、Space でジャンプ

ゲーム仕様

- ゴール（扉）に到達するとゲームクリア
- キノコに触れると高くジャンプする
- 敵や敵の攻撃、トゲや溶岩に当たったときと、下に落ちたときにゲームオーバー
- 取得した宝石はSCORE（スコア）として表示する
- ゲームのシーンをタイトル画面、プレイ画面、ゲームオーバー画面、ゲームクリア画面の4つに分ける

アクションゲームを作ろう **Chapter 7**

> 最後に説明するのは超本格的な横スクロール型のアクションゲームだよ。さまざまな障害を避けながら、横に長いステージを右に向かって進んで、ゴールを目指すんだ。

> すっ……すごい!!!　いかにもダンジョンって感じの雰囲気だね。一昔前のゲームセンターに置いてありそう。

> このゲームのポイントは、マップの表示にタイルマップという仕組みを使っていることと、マップをスクロールさせてキャラクターが横に移動しているように見せているところかな。

> タイルマップって何？

> 小さい画像をたくさん並べて作った背景のことで、Pyxel Editorで作れるんだ。タイルマップはロールプレイングゲーム（RPG）のワールドマップやダンジョンマップにも使える便利な機能だよ。

> そうなんだ。ロールプレイングゲームも作れたら楽しそうだから、教えてほしいな！

> もちろん。横スクロール型のアクションゲームで重要なところをしっかり説明していくよ。

7章の目標

- モジュールの分割方法について学ぶ
- タイルマップの扱いについて学ぶ
- スクロール処理について学ぶ
- マップに敵やアイテムを配置する方法を学ぶ

209

Chapter 7 Section 01
プログラムを複数のモジュールに分けるコツを学ぼう

このゲームには、スライムやマミー、フラワーなど、動きや攻撃に特徴を持った敵が出現するから、それぞれ独自のプログラムを用意しているんだ。

敵ごとにプログラムを分けるとなると、プログラムの量が増えそうだね……。

ゲームに登場する要素が多い場合は、プログラムをモジュールにまとめて複数のファイルに分けることが多いよ。

プログラムって複数のファイルに分けられるの!?

ここまでのプログラムだと、1つのファイルにプログラムを書いていたね。ゲームによっては分割したほうがプログラム全体が把握しやすくなるから、分割するときのポイントを押さえておこう。

モジュールの分割とパッケージ

　6章では、1つのファイル内に複数のクラスを作り、クラスを組み合わせてゲームを作る方法を説明しました。クラスごとに処理をまとめてプログラムを読みやすくしていましたが、さらにプログラムの規模が大きくなると次のようなデメリットが発生します。

- プログラムの行数が増え、内容の把握や修正がしづらい
- 複数人で作業する場合、作業を分担しにくい

そのためPythonには、プログラムを複数のファイルに分けてそれらを**モジュール**として別のファイルから呼び出す機能と、複数のモジュールを1つのフォルダにまとめて、**パッケージ**として扱う機能があります。

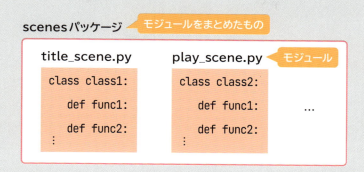

Cursed Cavernsは、プログラムを複数のモジュールに分け、さらにモジュールの種類ごとにパッケージを作って管理しています。フォルダ構造が変わってしまうと、プログラムを実行しようとしたときにエラーになってしまうため、配布しているサンプルデータの「chapter7」フォルダごと「pyxel_study」フォルダの直下に複製してください。

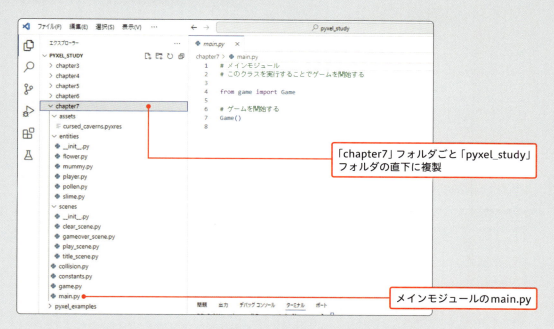

この状態でchapter7フォルダの直下にあるmain.pyを実行しましょう。

Chapter 7 Section 01

タイトル画面が表示されたあと、[Enter]を押すとゲームが開始します。

● Cursed Caverns のプログラムの構成

Cursed Caverns を構成するモジュールとパッケージは、次のような構成になっています。

main.py（メインモジュール） ─ ゲーム全体の処理を管理するモジュール
game.py
constants.py ─ 定数をまとめたモジュール
collision.py ─ 衝突判定処理をまとめたモジュール

scenes パッケージ
　__init__.py
　clear_scene.py
　gameover_scene.py ─ 画面ごとのモジュールをまとめたパッケージ
　play_scene.py
　title_scene.py

entities パッケージ
　__init__.py
　flower.py
　mummy.py ─ ゲームに出現するキャラクターごとのモジュールをまとめたパッケージ
　player.py
　pollen.py
　slime.py

assets フォルダ
　cursed_caverns.pyxres（リソースファイル）

アクションゲームを作ろう **Chapter 7**

メインモジュールとは、Pythonのプログラムを実行するとき、最初に実行するモジュールのことです。Cursed Cavernsの場合、main.pyがメインモジュールに該当します。モジュールを分割したり、パッケージを作ったりするときのポイントとしては次の2点が挙げられます。

- 1つのモジュールに1つの役割
- 関連する機能を1つのパッケージにまとめる

このゲームの場合、タイトル画面、プレイ画面、ゲームオーバー画面、ゲームクリア画面と4つの画面があるため、画面ごとにモジュールを分割します。また、プレイヤー、スライム、マミーなど、ゲームに登場するキャラクターもモジュールに分割します。そのうえで、画面のモジュールをまとめるパッケージ、ゲームに登場する要素をまとめるパッケージといった具合に、パッケージを作成します。

なお、scenesパッケージとentitiesパッケージには、どちらも__init__.pyというファイルがあります。この__init__.pyによって、パッケージ名.クラス名でパッケージに含まれるクラスを使えるようにしています。

● fromを使ったモジュールの読み込み

main.pyでは、Gameインスタンスの生成のみを行い、Gameインスタンスでゲームのメイン処理を行います。個々のモジュールでは、使用したいモジュールをimport文でそれぞれ読み込みます。

📣 main.py

```python
001  # メインモジュール
002  # このクラスを実行することでゲームを開始する
003
004  from game import Game                          Gameクラスを読み込む
005
006  # ゲームを開始する
007  Game()
```

📣 game.py（抜粋）

```python
001  import pyxel
002  from scenes import ClearScene, GameOverScene, PlayScene, TitleScene
003                                                各画面のモジュールからクラスを読み込む
004
005  # ゲームクラス
006  class Game:
007      # ゲームを初期化する
008      def __init__(self):
009          # Pyxelを初期化する
010          pyxel.init(128, 128, title="Cursed Caverns")
011
012          # リソースファイルを読み込む
013          pyxel.load("assets/cursed_caverns.pyxres")
```

次ページに続く ➡

```
014        pyxel.tilemaps[2].blt(0, 0, 0, 0, 0, 256, 16)  # 変更前のマップをコピーする
015
```

　今までもpyxelモジュールの読み込みにimport文を使いましたが、main.pyの4行目や、game.pyの2行目ではimport文に**from**が付いています。importにfromを付けることで、モジュールから特定の要素（クラス、関数、定数など）のみを読み込むことができます。また、複数の要素を読み込みたい場合は要素名を，（カンマ）で区切ります。

```
from モジュール名 import 要素名
from モジュール名 import 要素名1, 要素名2, 要素名3 ....
```

● **__init__.pyの役割**

　続いて、パッケージに含まれる__init__.pyを確認してみましょう。ここではscenesパッケージの__init__.pyを確認してみます。

　🔌 **scenes/__init__.py**
```
001  # シーン(画面)モジュール
002
003  # scenesフォルダのクラスを__init__.pyでインポートすることで
004  #   from scenes.play_scene import PlayScene
005  # のように個別にインポートする代わりに
006  #   from scenes import PlayScene, TitleScene, GameOverScene
007  # のようにまとめてインポートできるようにする
008
009  from .clear_scene import ClearScene  # クリア画面クラス
010  from .gameover_scene import GameOverScene  # ゲームオーバー画面クラス
011  from .play_scene import PlayScene  # プレイ画面クラス
012  from .title_scene import TitleScene  # タイトル画面クラス
```

　scenes/__init__.pyでは、scenesパッケージのモジュールをまとめて読み込めるようにする処理のみを行っています。

　scenes/__init__.pyに何も記述されていない状態で、scenesパッケージのモジュールをインポートする場合は、個別にimport文を記述しなければなりません。

```
from scenes.clear_scene import ClearScene
from scenes.gameover_scene import GameOverScene
from scenes.play_scene import PlayScene
from scenes.title_scene import TitleScene
```

　ですが、scenes/__init__.pyにより、scenesパッケージのモジュールを1行でまとめてインポートすることが可能になります。

```
from scenes import ClearScene, GameOverScene, PlayScene, TitleScene
```

モジュールやパッケージの名前は、どのような役割や種類なのかが把握しやすいものを付けるようにしよう。

たしかに、player.pyやslime.pyとか、プレイヤーとスライムのプログラムなんだなって、すぐにわかる名前だね。

COLUMN pycファイルとは

main.pyを実行すると、各モジュールの__pycache__というフォルダにpycファイルが自動的に作成されます。pycファイルは、pyファイルをバイトコードという形式に変換したものです。Pythonには、インポートしたモジュールを自動でpycファイルに変換する仕組みがあり、pycファイルを使用することでプログラムを高速に実行します。

main.pyファイルからインポートされたモジュールはpycファイルが作成される

例えば、game.pyから生成されたgame.pycは、game.pyファイルが変更されるたびに自動的に更新され、次回実行時、高速に実行できるgame.pycファイルが代わりに読み込まれます。
__pycache__フォルダやpycファイルを消しても問題ありませんが、メインモジュールを実行すると、再生成されます。

Chapter 7
Section 02
辞書を使った画面管理方法を学ぼう

画面ごとにモジュールを分けてるけど、画面の切り替えってどうなっているの？

Cursed Cavernsでは、辞書という仕組みを使って、画面ごとのインスタンスを管理しているよ。

辞書っていうと、国語辞書とか英和辞書とかが思い浮かぶんだけど……。

Pythonの辞書も似たようなものだよ。国語辞書で言葉とその意味がセットになっているように、キーと値をセットにするんだ。

辞書を使ってインスタンスを管理する

　画面ごとの処理を複数のモジュールに分割していますが、それぞれの画面は次のようなクラスになっています。

- **TitleScene**クラス：タイトル画面
- **PlayScene**クラス：プレイ画面
- **GameOverScene**クラス：ゲームオーバー画面
- **ClearScene**クラス：クリア画面

　これらのクラスは、Gameインスタンスの初期化時に生成されます。

game.py（抜粋）
```
001  import pyxel
002  from scenes import ClearScene, GameOverScene, PlayScene, TitleScene
003
004
005  # ゲームクラス
```

```python
class Game:
    # ゲームを初期化する
    def __init__(self):
        # Pyxelを初期化する
        pyxel.init(128, 128, title="Cursed Caverns")

        # リソースファイルを読み込む
        pyxel.load("assets/cursed_caverns.pyxres")
        pyxel.tilemaps[2].blt(0, 0, 0, 0, 0, 256, 16)  # 変更前のマップをコピーする

        # ゲームの状態を初期化する
        self.player = None  # プレイヤー
        self.enemies = []  # 敵のリスト
        self.scenes = {                                    インスタンスを生成して辞書に入れる
            "title": TitleScene(self),
            "play": PlayScene(self),
            "gameover": GameOverScene(self),
            "clear": ClearScene(self),
        }  # シーンの辞書
        self.scene_name = None  # 現在のシーン名 ………… シーン名を変数で管理する
        self.screen_x = 0  # フィールド表示範囲の左端のX座標
        self.score = 0  # 得点

        # シーンをタイトル画面に変更する
        self.change_scene("title") ………………………… 実行直後はタイトル画面にする

        # ゲームの実行を開始する
        pyxel.run(self.update, self.draw)

    # シーンを変更する
    def change_scene(self, scene_name): ……………………… change_scene関数で画面を切り替える
        self.scene_name = scene_name
        self.scenes[self.scene_name].start()


... (省略) ...


    # ゲームを更新する
    def update(self):
        # 現在のシーンを更新する
        self.scenes[self.scene_name].update() …………… 現在のシーンだけ更新する

    # ゲームを描画する
```

次ページに続く ➡

```
074     def draw(self):
075         # 現在のシーンを描画する
076         self.scenes[self.scene_name].draw() ················· 現在のシーンだけ描画する
077
078         # スコアを描画する
079         pyxel.text(45, 4, f"SCORE {self.score:4}", 7)
080
```

19～24行目で、シーン名とそのインスタンスをセットにした辞書をself.scenesに代入しています。辞書は次のような形式で、全体を{ }で囲み、キーと値をセットにします。

```
x = {キー :値, キー :値, キー :値 ...} ··························· 変数xに辞書を入れる
```

リストやタプルは、インデックスを使って要素を取り出しますが、辞書はキーを使って対応する値を取り出します。辞書から値を取り出す方法は、辞書[キー]とするか、get関数を使うかの2つです。get関数を使う場合、第2引数にデフォルト値を指定することが可能で、キーに対応する値がないときに第2引数が返されます。辞書[キー]とした場合、キーが存在しないとエラーが発生しますが、get関数を使うとデフォルト値で処理が継続されます。

```
i = x[キー ]
i = x.get(キー , デフォルト値)
```

画面の切り替えは、game.pyのchange_scene関数で行います。ゲーム開始直後は、タイトル画面を表示するため、game.pyの30行目でchange_scene関数を呼び出しています。また、タイトル画面で Enter を押したときは、title_scene.pyの38行目でchange_scene関数を呼び出します。

📎 **scenes/title_scene.py（抜粋）**

```
025     def update(self):
026         # 画面の透明度を変更する
027         if self.alpha < 1.0:
028             self.alpha += 0.015
029
030         # キー入力をチェックする
031         if pyxel.btnp(pyxel.KEY_RETURN) or pyxel.btnp(
032             pyxel.GAMEPAD1_BUTTON_B
033         ):  # EnterキーまたはゲームパッドのBボタンが押された時
034             # 画面の透明度を不透明にする
035             pyxel.dither(1.0)
036
037             # プレイ画面に切り替える
038             self.game.change_scene("play") ············· change_scene関数で画面を切り替える
```

Chapter 7
Section 03
タイルマップと
スクロール処理を学ぼう

タイルマップはこのゲームの最も重要な要素といっても過言ではないんだ。

えっ！ そんなに重要なの!?

そうだよ。足場の岩（壁）や宝石などはタイルマップで作成しているし、敵の出現位置もタイルマップに設定しているんだ。まずは、タイルマップがどういったものなのかを説明するね。

タイルマップとは

　アクションゲームやロールプレイングゲームなどでは、プレイヤーの位置に応じて、マップの表示範囲を動かす表現を行います。2Dゲームの場合、マップを管理するために**タイルマップ**がよく使われます。タイルマップでは、同じサイズの小さな画像（タイル画像）を格子状に並べてマップを構築します。この手法を用いることで、広大なマップを効率的に作成し、管理することができます。Pyxelでは、イメージバンクを8x8ピクセルの単位でタイル画像として使用し、タイルマップを作成します。

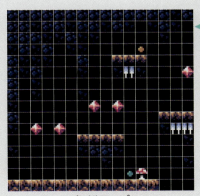

1タイルにつき1つのタイル画像

タイル画像を1つずつ貼っていく

タイルマップ　　　　　　イメージバンク

Chapter 7
Section 03

　タイルマップもPyxelリソースファイルに含まれています。次のコマンドを実行し、Pyxel Editorでcursed_caverns.pyxresのタイルマップを見てみましょう。

```
pyxel edit ./chapter7/assets/cursed_caverns.pyxres
```

　Pyxel Editorの画面上部にある田をクリックすると、タイルマップエディタが表示されます。

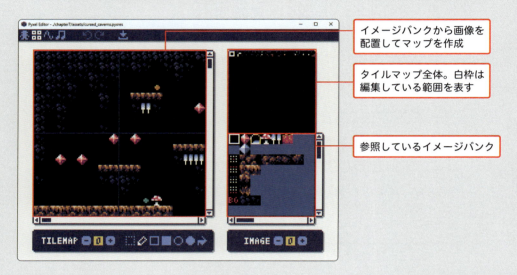

　画面右下に選択しているイメージバンクが表示され、イメージバンクからタイルマップに配置するタイル画像を選択します。1つのタイルマップから参照できるイメージバンクは1つだけで、複数のイメージバンクを同時に参照することはできません。

　タイルマップは1枚あたり256×256タイルです。左端の1番上のタイルの座標は(0, 0)、右隣のタイルの座標は(1, 0)、一番右下のタイルの座標は(255, 255)です。1タイルあたり縦横8ピクセルですが、タイルマップでは1タイルあたりが座標1という考え方なので、注意しましょう。

またタイルマップは最大8枚使うことが可能で、番号は0から振られています。Cursed Cavernsのタイルマップは0番にプレイ画面用のマップ、1番にタイトル画面用の背景が設定されています。

● タイルマップの描画

まずはタイトル画面で、タイルマップを描画する処理を確認してみましょう。TitleSceneインスタンスのdraw関数では、pyxel.dither関数を使って、フェードインのような表現で、だんだんとタイトルの文字や背景を表示しています。

scenes/title_scene.py（抜粋）

```
001  import pyxel
002
003
004  # タイトル画面クラス
005  class TitleScene:
006      # タイトル画面を初期化する
007      def __init__(self, game):
008          self.game = game  # ゲームクラス
009          self.alpha = 0.0  # 画面の透明度(0.0:透明, 1.0:不透明)

     ...（省略）...

025      def update(self):
026          # 画面の透明度を変更する
027          if self.alpha < 1.0:
028              self.alpha += 0.015

     ...（省略）...

040      def draw(self):
041          # 画面をクリアする
042          pyxel.cls(0)
043
044          # タイトル画像を描画する
045          pyxel.dither(self.alpha)  # 描画の透明度を設定
046          pyxel.bltm(0, 0, 1, 0, 0, 128, 128) ·····················タイルマップを描画する
047          pyxel.blt(0, 0, 1, 0, 0, 128, 128, 0)
048
049          # テキストを描画する
050          pyxel.rect(30, 97, 67, 11, 0)
051          pyxel.text(34, 100, "PRESS ENTER KEY", 7)
```

タイルマップを描画しているのは、**pyxel.bltm関数**です。

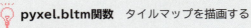

pyxel.bltm関数　タイルマップを描画する

書式　pyxel.bltm(x, y, tm, u, v, w, h, [colkey], [rotate], [scale])

引数　x：タイルマップを描画するX座標
　　　y：タイルマップを描画するY座標
　　　tm：0〜7のタイルマップの番号
　　　u：参照イメージ（描画するタイルマップ）の左上のX座標（※）
　　　v：参照イメージ（描画するタイルマップ）の左上のY座標（※）
　　　w：参照イメージ（描画するタイルマップ）の幅（※）
　　　h：参照イメージ（描画するタイルマップ）の高さ（※）
　　　colkey：透明色として扱う色番号（省略可能）
　　　rotate：回転する度数（省略可能）
　　　scale：拡大率（省略可能）1.0だと100%
　　　※タイル座標ではなくピクセル単位で指定。1タイル分であれば8となる

例　pyxel.bltm(0, 0, 1, 0, 0, 128, 128)
　　X座標0、Y座標0に、タイルマップ1のX座標0、Y座標0、幅128、高さ128の範囲を参照
　　して描画する

タイルマップは1タイルあたりに8×8ピクセルの画像を貼り付けており、タイルマップ上のタイル座標は8×8ピクセルのタイル単位です。しかし、pyxel.bltm関数で描画する際は、タイルマップを1枚の大きなイメージのように扱い、ピクセル単位で範囲を指定できるようになっています。

アクションゲームを作ろう **Chapter 7**

画面のスクロール処理

タイトル画面では、背景のタイルマップをそのまま表示するだけでした。しかし、プレイ画面では、キャラクターの移動に応じて、タイルマップの表示範囲を移動させる必要があります。どのような流れでタイルマップを表示し、スクロールを表現しているのかを見てみましょう。

スクロール処理を行うために重要な変数がGameインスタンスの変数screen_xです。変数screen_xは画面の基準位置として使われており、タイルマップの参照位置はその値に合わせて変化させています。

📇 **scenes/play_scene.py（抜粋）**

```python
067    # プレイ画面を更新する
068    def update(self):
069        game = self.game
070        player = game.player
071        enemies = game.enemies
072
073        # プレイヤーを更新する
074        if player is not None:
075            player.update()
076
077        # プレイヤーの移動範囲を制限する
078        player.x = min(max(player.x, game.screen_x), 2040)  ············ 移動範囲を制限
079        player.y = max(player.y, 0)
080
081        # プレイヤーがスクロール境界を越えたら画面をスクロールする
082        if player.x > game.screen_x + SCROLL_BORDER_X:
083            last_screen_x = game.screen_x ················ 前回のスクロール位置を保持する
084            game.screen_x = min(player.x - SCROLL_BORDER_X, 240 * 8)  ·· スクロール位置を更新
085            # 240タイル分以上は右にスクロールさせない
086
087            # スクロールした幅に応じて敵を出現させる
088            self.spawn_enemy(last_screen_x + 128, game.screen_x + 127)
```

PlaySceneインスタンスのupdate関数内で、Playerインスタンスのupdate関数を呼び出し、キー入力に応じてプレイヤーの座標を更新します。そのあと、PlaySceneインスタンスのupdate関数内で、プレイヤー位置に応じてスクロールの位置を決定します。その際に、min関数を使うことで、スクロール位置がタイルマップの範囲外に飛び出さないように補正しています。ほかにも、敵の出現やプレイヤーの周囲にあるタイルマップの判定処理なども行いますが、これらの処理は以降の節であらためて説明します。

223

続いて、プレイ画面中の描画処理です。PlaySceneインスタンスのdraw関数が呼び出されると、Gameインスタンスのdraw_field関数やdraw_player関数などを呼び出します。

scenes/play_scene.py（抜粋）

```
113    # プレイ画面を描画する
114    def draw(self):
115        # 画面をクリアする
116        pyxel.cls(0)
117
118        # フィールドを描画する
119        self.game.draw_field() ·················· タイルマップを描画する関数を呼び出す
120
121        # プレイヤーを描画する
122        self.game.draw_player() ·················· プレイヤーを描画する関数を呼び出す
123
124        # 敵を描画する
125        self.game.draw_enemies() ·············· 敵を描画する関数を呼び出す
```

Gameインスタンスのdraw_field関数でタイルマップを描画し、draw_player関数でプレイヤーを描画します。このとき、Gameインスタンスの変数screen_xと**pyxel.camera関数**を組み合わせることで、スクロール表現を実現します。

game.py（抜粋）

```
040    # フィールドを描画する
041    def draw_field(self):
042        pyxel.bltm(0, 0, 0, self.screen_x, 0, 128, 128) ······· self.screen_xで参照位置を指定
043
044    # プレイヤーを描画する
045    def draw_player(self):
046        # カメラ位置（描画の原点）を変更する
047        pyxel.camera(self.screen_x, 0) ··················· カメラ位置を変更する
048
049        # プレイヤーを描画する
050        if self.player is not None:   # プレイヤーが存在する時
051            self.player.draw() ························· プレイヤーを描画する
052
053        # カメラ位置を戻す
054        pyxel.camera() ······························· カメラ位置をリセットする
```

プレイヤー位置の変化により、スクロールがどのように行われるのかを確認してみましょう。

初期状態の場合、タイルマップの左端（X座標0、Y座標0）が表示された状態で、プレイヤーも左端にいます。このときは「game.screen_x = 0」「player.x = 0」の状態です。

アクションゲームを作ろう　Chapter 7

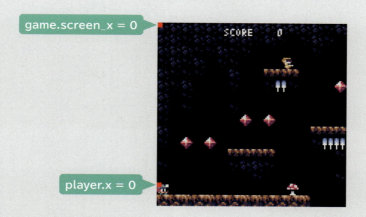

　←→を押すとプレイヤーの座標が更新されますが、play_scene.pyの82行目のif文の条件を満たさない場合、スクロールは発生しません。

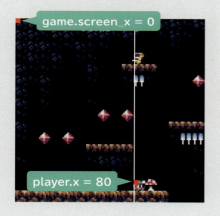

```
if player.x > game.screen_x + SCROLL_BORDER_X:
        ↓
if 80 > 0 + 80:
```

player.xとgame.screen_xが80よりも離れているときにTrueになる

　例えば、「player.x = 88」「game.screen_x = 0」になるとif文の条件を満たすので、play_scene.pyの84行目でgame.screen_xが更新されます。

```
game.screen_x = min(player.x - SCROLL_BORDER_X, 240 * 8 )
        ↓
game.screen_x = min(88 - 80, 1920)
        ↓
game.screen_x = min(8, 1920)
```

スクロールの最大位置は、240タイル×8ピクセル
スクロール位置が8に更新される

　game.screen_xが0から8に変わると、Gameインスタンスのdraw_field関数でタイルマップを描画するとき（game.pyの42行目）、8ピクセル分右にずれた範囲が描画されます。

225

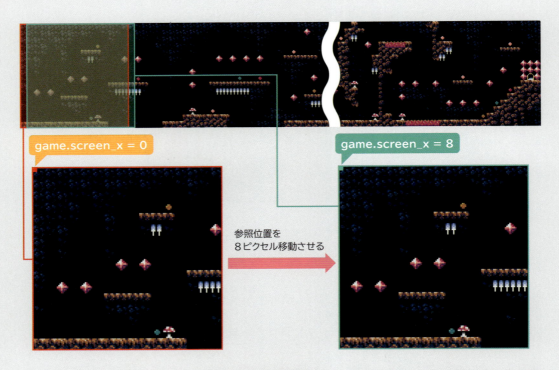

　タイルマップを描画したあとは、プレイヤーの描画です。Gameインスタンスのdraw_player関数でプレイヤーを描画しますが、ここで重要な処理がpyxel.camera関数です。pyxel.camera関数は、画面の基準位置を変更する働きがあります。

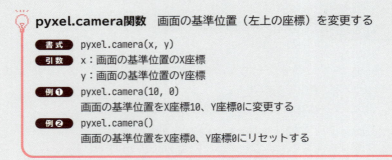

　pyxel.camera関数を呼び出すとき、「self.screen_x = 8」の場合、基準位置のX座標が8に変わります。「self.screen_x = 8(基準位置のX座標が8)」「player.x = 88」の状態でプレイヤーを描画すると、画面は次のような状態になります。

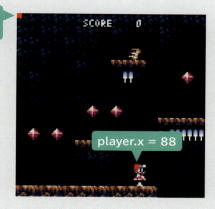

基準位置（画面左上）が
X座標8、Y座標0になる

player.x = 88

「self.screen_x = 0（基準位置のX座標が0）」「player.x = 80」の状態と比べてみましょう。

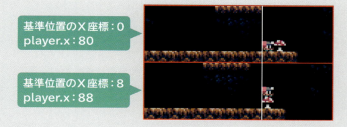

基準位置のX座標：0
player.x：80

基準位置のX座標：8
player.x：88

　見比べてみると、画面全体に対してキャラクターの横位置が変わっていないことがわかります。つまり、キャラクターの動きに合わせて、カメラが追従しているような状態になっているのです。プレイヤーを描画したあとは、引数なしでpyxel.camera関数を呼び出して基準位置をX座標0、Y座標0に戻します。
　なお、敵キャラクターを描画するときも、self.screen_xで基準位置を変更し、敵を描画したあとは基準位置をリセットしています。

Pyxelにもカメラマンのような存在がいて、カメラをキャラクターの移動にあわせて横移動させることで、スクロールを表現しているんだ。

なんだかマラソン中継をランナーの横から見ているみたい。

Chapter 7
Section 04 タイルの判定方法を学ぼう

タイルマップって、足場になる岩だけじゃなくて、ほかの要素もあるよね。

そうだね。宝石やトゲ、溶岩なんかもタイルマップに含まれているよ。

ちょっと気になったんだけど、プレイヤーが溶岩に触っているのは、どうやって確認しているの？

タイルマップの特定の位置にあるタイルが何であるかを調べる方法があるんだ。ここでは、どこに何のタイルがあるかを調べる方法を説明するね。

タイルとタイルの種別を結び付ける

　トゲや溶岩は、タイルマップとして描画しています。プレイヤーがトゲや溶岩に触れているかを判断するためには、プレイヤーの周囲にあるタイルの種別情報が必要です。

そのため、constants.pyに定数として、タイルからタイル種別に変換するための辞書を用意しています。

constants.py（抜粋）

```
006  # タイル種別
007  TILE_NONE = 0  # 何もない ·························· タイル種別の定数
008  TILE_GEM = 1  # 宝石
009  TILE_EXIT = 2  # 出口
010  TILE_MUSHROOM = 3  # キノコ
011  TILE_SPIKE = 4  # トゲ
012  TILE_LAVA = 5  # 溶岩
013  TILE_WALL = 6  # 壁
014  TILE_SLIME1_POINT = 7  # グリーンスライム出現位置
015  TILE_SLIME2_POINT = 8  # レッドスライム出現位置
016  TILE_MUMMY_POINT = 9  # マミー出現位置
017  TILE_FLOWER_POINT = 10  # フラワー出現位置
018
019  # タイル→タイル種別変換テーブル
020  TILE_TO_TILETYPE = { ·························· タイルと種別をセットにした辞書
021      (1, 0): TILE_GEM,
022      (2, 0): TILE_EXIT,
023      (3, 0): TILE_MUSHROOM,
024      (4, 0): TILE_SPIKE,
025      (5, 0): TILE_LAVA,
026      (1, 2): TILE_WALL,
027      (2, 2): TILE_WALL,
028      (3, 2): TILE_WALL,
029      (4, 2): TILE_WALL,
030      (5, 2): TILE_WALL,
031      (6, 2): TILE_WALL,
032      (7, 2): TILE_WALL,
033      (1, 3): TILE_WALL,
034      (2, 3): TILE_WALL,
035      (1, 4): TILE_WALL,
036      (1, 5): TILE_WALL,
037      (0, 9): TILE_SLIME1_POINT,
038      (0, 10): TILE_SLIME2_POINT,
039      (0, 11): TILE_MUMMY_POINT,
040      (0, 12): TILE_FLOWER_POINT,
041  }
042  # このテーブルにないタイルはTILE_NONEとして判定する
```

辞書TILE_TO_TILETYPEは、キーにタイル、値にタイル種別を持ちます。キーのタイルは、タイルマップエディタで設定するタイル画像のイメージバンク上のマスの位置にあたります。例えば、タイルが(5,0)の場合は溶岩のタイル画像、(6,2)は壁のタイル画像を表しています。

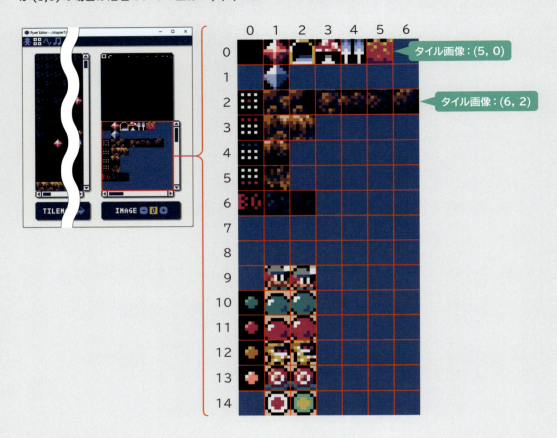

この辞書を使うことで、指定した座標にあるタイルの種別を取得できます。指定した座標のタイル種別を取得する処理は、collisionモジュール（collision.py）にget_tile_type関数として用意しています。

collision.py（抜粋）

```
007  # 指定した座標のタイル種別を取得する
008  def get_tile_type(x, y):
009      tile = pyxel.tilemaps[0].pget(x // 8, y // 8)
010      return TILE_TO_TILETYPE.get(tile, TILE_NONE)
```

読み込んだタイルマップは、pyxel.tilemaps[タイルマップ番号]で取得でき、さらにタイルマップの**pget関数**で指定した位置にあるタイルを取得できます。

💡 タイルマップ.pget関数　タイルマップから指定した位置のタイルを取得する

- **書式**　タイルマップ.pget(x, y)
- **引数**　x：タイルのX座標
　　　　　y：タイルのY座標
- **例**　pyxel.tilemaps[0].pget(8, 8)
　　　　タイルマップ0番から、X座標8、Y座標8のタイルを取得する

例えば、プレイヤーがX座標50、Y座標80のとき、真下（X座標50、Y座標88）にあるタイルを取得するとします。

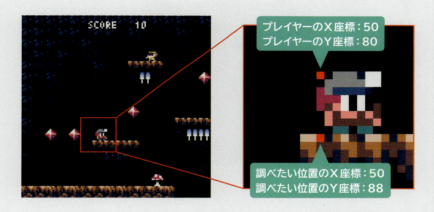

このとき注意しなければならないのが、タイルマップでは1タイルの幅と高さが8ピクセルであることです。そのため、pget関数を呼び出すときは、画面上の座標を8で整数除算した結果を使って、タイルマップからタイルを取得します。

```
tile = pyxel.tilemaps[0].pget(x // 8, y // 8)
              ↓
tile = pyxel.tilemaps[0].pget(50 // 8, 88 // 8)
              ↓
tile = pyxel.tilemaps[0].pget(6, 11)
                                (1, 4)
```

1タイルあたり8ピクセルなので、8で整数除算を行う

X座標50、Y座標80にあるタイルは、タイルマップ上ではX座標6、Y座標11にあたり、pget関数でタイル(1, 4)を取得します。このタイルを使って、定数TILE_TO_TILETYPEから、タイルの種類を探します。

Chapter 7 Section 04

　以上の流れにより、X座標50、Y座標88にあるタイルは、TILE_WALL（壁）であることがわかりました。

タイルマップは、どこにどの画像が配置されているかの情報を持っていて、取得したタイルを使えばタイルの種別を確認できるんだ。

なるほど！　タイルマップからタイルが取れるなら、タイルマップに岩や溶岩が配置されているのも納得だね。

Chapter 7
Section 05 タイルとの接触処理について学ぼう

そういえば……宝石はタイルマップで設定されているのに、取ると消えるよね？

読み込んだタイルマップの一部分だけを書き換えることができるんだ。宝石の場合は取得したときに「何もないタイル」で上書きをしているから消えているように見えるんだ。

え！　上書きなんてしちゃって大丈夫なの!?

元に戻す方法があるから大丈夫だよ。今度は特定のタイルがプレイヤーと接触したときの処理を見てみよう。

タイルとの接触処理

　タイルの種類を取得する方法をおさえたところで、プレイヤーとタイルとの接触処理を見ていきましょう。Cursed Cavernsで、プレイヤーとの接触処理が必要なタイルは次の5種類です。

- TILE_GEM（宝）：スコアを増やす
- TILE_EXIT（ゴール）：ゲームクリアにする
- TILE_MUSHROOM（キノコ）：プレイヤーがジャンプする
- TILE_SPIKE（トゲ）：ゲームオーバーにする
- TILE_LAVA（溶岩）：ゲームオーバーにする

　これらのタイルが、プレイヤーの中心部分と重なった場合、タイルに応じた処理を行います。

この範囲に重なっているタイルを判別する

プレイヤーとタイルの接触処理を行っている player.py の update 関数を見てみましょう。

entities/player.py（抜粋）

```
018        # プレイヤーを更新する
019        def update(self):

...（省略）...

039            # タイルとの接触処理
040            for i in [1, 6]:
041                for j in [1, 6]:
042                    x = self.x + j
043                    y = self.y + i
044                    tile_type = get_tile_type(x, y)
045
046                    if tile_type == TILE_GEM:  # 宝石に触れた時
047                        # スコアを加算する
048                        self.game.score += 10
049
050                        # 宝石タイルを消す
051                        pyxel.tilemaps[0].pset(x // 8, y // 8, (0, 0))  …タイルを上書きする
052
053                        # 効果音を再生する
054                        pyxel.play(3, 1)
055
056                    if self.dy >= 0 and tile_type == TILE_MUSHROOM:  # キノコに触れた時
057                        # ジャンプの距離を設定する
058                        self.dy = -6
059                        self.jump_counter = 6
060
061                        # 効果音を再生する
062                        pyxel.play(3, 2)
063
064                    if tile_type == TILE_EXIT:  # 出口に到達した時
```

```
065                self.game.change_scene("clear")
066                return
067
068            if tile_type in [TILE_SPIKE, TILE_LAVA]:   # トゲ又は溶岩に触れた時
069                self.game.change_scene("gameover")
070                return
```

　40〜70行目で、繰り返し処理が入れ子になっています。「for 変数 in リスト」の場合は、繰り返すたびにリストの要素が1つずつ変数に入ります。つまり40〜70行目の2つの繰り返しによって、変数iと変数jは次のような組み合わせになります。

外側の繰り返し回数	内側の繰り返し回数	変数i	変数j
1	1	1	1
1	2	1	6
2	1	6	1
2	2	6	6

　そして変数iをself.xに、変数jをself.yに足すことで、次のような4つの座標を求めることができます。

　この4つの座標にあるタイルをプレイヤーと接触している状態とみなし、タイルに応じた処理を行います。接触処理を行うタイルのうち、宝石はプレイヤーが触れたときに、タイルマップから表示を消しています。これは51行目の**pset関数**による働きです。

> **タイルマップ.pset関数**　タイルマップにタイルを設定する
>
> 書式　タイルマップ.pset(x, y, tile)
> 引数　x：タイルマップ上のX座標
> 　　　y：タイルマップ上のY座標
> 　　　tile：設定するタイル情報。(image_tx, image_ty)のようなタプルで指定する
> 例　　pyxel.tilemaps[0].pset(10, 10, (0, 0))
> 　　　タイルマップ0番のX座標10、Y座標10に、タイル(0, 0)を設定する

プレイヤーと接触した宝石のタイルを黒で塗りつぶされた何もないタイル(0,0)に変更します。タイル(0,0)に変更することで、タイルの種別がTILE_NONE（何もないタイル）として判定されるようにします

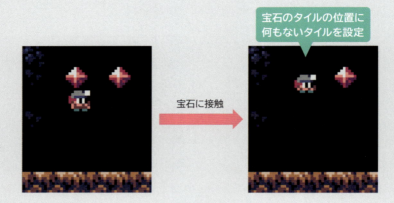

宝石のタイルの位置に何もないタイルを設定

宝石に接触

● **タイルマップを元の状態に戻す**

　ゲームオーバーになった際、スタート地点からやり直しになるため、タイルマップを初期状態に戻す必要があります。そのためGameインスタンスを生成する際、変更前のタイルマップをコピーし、そのコピーしたタイルマップを使って初期状態に戻しています。

　タイルマップのコピーは、game.pyの14行目で行われます。

game.py（抜粋）

```
005    # ゲームクラス
006    class Game:
007        # ゲームを初期化する
008        def __init__(self):
009            # Pyxelを初期化する
010            pyxel.init(128, 128, title="Cursed Caverns")
011    
012            # リソースファイルを読み込む
013            pyxel.load("assets/cursed_caverns.pyxres")
014            pyxel.tilemaps[2].blt(0, 0, 0, 0, 0, 256, 16)  # 変更前のマップをコピーする
```

　そしてプレイ画面を開始するとき、play_scene.pyの22行目で変更する前のタイルマップに戻します。

scenes/play_scene.py（抜粋）

```
013    # プレイ画面クラス
014    class PlayScene:
015        # プレイ画面を初期化する
```

```
016     def __init__(self, game):
017         self.game = game
018
019     # プレイ画面を開始する
020     def start(self):
021         # 変更前のマップに戻す
022         pyxel.tilemaps[0].blt(0, 0, 2, 0, 0, 256, 16)
```

タイルマップをコピーしたり、元に戻したりするときに使っているのがタイルマップの**blt関数**です。

> **タイルマップ.blt関数**　タイルマップをコピーする
>
> **書式**　タイルマップ.blt(x, y, tm, u, v, w, h)
> **引数**　x：タイルマップをコピーするX座標
> 　　　　y：タイルマップをコピーするY座標
> 　　　　tm：0〜7のタイルマップの番号
> 　　　　u：コピーする領域の左上のX座標
> 　　　　v：コピーする領域の左上のY座標
> 　　　　w：コピーする領域の幅
> 　　　　h：コピーする領域の高さ
> **例**　pyxel.tilemaps[0].blt(10, 10, 2, 0, 0, 256, 16)
> 　　　　タイルマップ0番のX座標10、Y座標10に、タイルマップ2番のX座標0、Y座標0の位置から幅256、高さ16の範囲をコピーする

　pyxel.load関数で読み込んだタイルマップの情報は、pyxel.tilemapsというリストで管理されます。pyxel.tilemaps[0]とすると、タイルマップ0を取得することができ、pyxel.tilemaps[0]のblt関数を呼び出すと、pyxel.tilemaps[0]に対してコピーを行います。

　Cursed Cavernsでは、プレイ画面にタイルマップ0を、タイトル画面にタイルマップ1を使っており、タイルマップ2〜7は未使用です。そのため、ゲーム開始時にpyxel.tilemaps[0]のタイルマップをpyxel.tilemaps[2]にコピーしておき、再スタートになったときpyxel.tilemaps[2]をpyxel.tilemaps[0]にコピーし直して、プレイ画面のタイルマップを初期状態に戻しています。

blt関数って画面に画像を描画するときに使う関数だったよね？

pyxel.blt()でpyxelが対象のときは画面への描画で、タイルマップ.blt()でタイルマップが対象のときはタイルマップへの描画になるんだ。指定した範囲をコピーするって働きは同じだけど、コピーする対象が違うってことだね。

Chapter 7
Section 06 壁のすり抜けを防ぐ押し戻し処理を学ぼう

このゲームの壁と溶岩の違いは何だと思う？

プレイヤーが壁に接触してもゲームオーバーにはならないけど、溶岩は接触するとゲームオーバーになることかな。

それも正解だけど、もう1つ、壁の上は歩けるけど、溶岩の上は歩けないようになっているんだ。

いわれてみればたしかに。あれっどうして壁の上は歩けるんだろう。

壁に対しては押し戻し処理を行っているからだよ。

押し戻し処理とは

　Cursed Cavernsでは、プレイヤーを ← → で左右に動かしたり、 Space でジャンプをさせたりします。足場を使ったジャンプや障害物の回避などのアクションを成立させるには、プレイヤーが壁にめり込んだり、通り抜けたりしない仕組みが不可欠です。そのため、このゲームでは**押し戻し**と呼ばれる処理を行います。

　押し戻し処理とは、プレイヤーなどのキャラクターが障害物に衝突した際、そのキャラクターを衝突していない位置に移動させ、すり抜けやめり込みを防ぐ処理のことです。

壁にめり込まないようにする

押し戻し処理は、プレイヤーとだけではなく、壁に沿って移動するタイプの敵も行っています。ここでは、プレイヤーの移動とそれにともなう押し戻し処理について見ていきましょう。

● **プレイヤーの更新処理**

まずはプレイヤーの更新処理の流れを確認します。プレイ画面が表示されており、Gameインスタンスの変数playerにPlayerインスタンスが入っている場合、play_scene.pyの75行目でPlayerインスタンスのupdate関数が呼び出されます。

🔌 scenes/play_scene.py (抜粋)

```
067     # プレイ画面を更新する
068     def update(self):
069         game = self.game
070         player = game.player
071         enemies = game.enemies
072
073         # プレイヤーを更新する
074         if player is not None:
075             player.update()………… Playerインスタンスのupdate関数を呼び出す
```

Playerインスタンスのupdate関数では、次のような流れでプレイヤーの更新処理を行います。

①←→が押されている場合の処理
②下方向への移動距離を求める
③タイルとの接触処理 (詳細はP.228)
④ジャンプ処理 (詳細はP.247)
⑤押し戻し処理

①は5章や6章のゲームでも同じような処理を行っています。本節では⑤の押し戻し処理を中心に説明しますが、まずは全体的な流れを見ておきましょう。

🔌 entities/play.py (抜粋)

```
018     # プレイヤーを更新する
019     def update(self):
020         # キー入力に応じて左右に移動する
021         if pyxel.btn(pyxel.KEY_LEFT) or pyxel.btn(………①←→が押されている場合の処理
022             pyxel.GAMEPAD1_BUTTON_DPAD_LEFT
023         ):  # 左キーまたはゲームパッド左ボタンが押されている時
024             self.dx = -2
025             self.direction = -1
026
027         if pyxel.btn(pyxel.KEY_RIGHT) or pyxel.btn(
028             pyxel.GAMEPAD1_BUTTON_DPAD_RIGHT
```

次ページに続く➡

Chapter 7
Section 06

```
029             ):  # 右キーまたはゲームパッド右ボタンが押されている時
030                 self.dx = 2
031                 self.direction = 1
032
033             # 下方向に加速する
034             if self.jump_counter > 0:  # ジャンプ中 ················②下方向への移動距離を求める
035                 self.jump_counter -= 1  # ジャンプ時間を減らす
036             else:  # ジャンプしていない時
037                 self.dy = min(self.dy + 1, 4)  # 下方向に加速する
038
039             # タイルとの接触処理
040             for i in [1, 6]: ·······················································③タイルとの接触処理

      ...（省略）...

068                 if tile_type in [TILE_SPIKE, TILE_LAVA]:  # トゲ又は溶岩に触れた時
069                     self.game.change_scene("gameover")
070                     return
071
072             # ジャンプする
073             if ( ··················································································④ジャンプ処理

      ...（省略）...

084                 pyxel.play(3, 0)
085
086             # 押し戻し処理
087             self.x, self.y = push_back(self.x, self.y, self.dx, self.dy) ·····⑤押し戻し処理
088
089             # 横方向の移動を減速する
090             self.dx = int(self.dx * 0.8)
```

　Playerインスタンスの変数dxはX軸方向の移動距離、変数dyはY軸方向の移動距離です。←→を押したとき変数dxを変更していますが、ジャンプをしていない（上に向かっていない）場合は37行目で変数dyも変更しています。ジャンプをしていないときは下に向かって移動させたいため、変数dyに0より大きい値を入れているのです。この処理により、ゲーム開始直後にプレイヤーが下に向かって落ちていきます。

Chapter 7 アクションゲームを作ろう

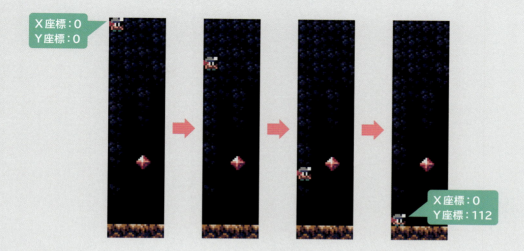

変数dyに0より大きい値が入っていると下に向かって移動し続けてしまい、床をすり抜けてしまいます。そこで行うのが87行目の押し戻し処理です。

● 押し戻し処理

push_back関数は押し戻し処理を行う関数で、プレイヤーを含むキャラクターのX座標、Y座標、X軸方向の移動距離、Y軸方向の移動距離を受け取り、戻り値で壁にめり込まない場所のX座標とY座標を返します。

entities/play.py（抜粋）

```
086         # 押し戻し処理
087         self.x, self.y = push_back(self.x, self.y, self.dx, self.dy)
```

押し戻し処理はプレイヤーだけではなく敵も行っているため、衝突判定処理の1つとしてcollisionモジュールで定義されています。

collision.py（抜粋）

```
018   # キャラクターが壁と重なっているか判定する
019   def is_character_colliding(x, y):

      ...（省略）...

035   # 押し戻した座標を返す
036   def push_back(x, y, dx, dy):
037       # 壁と衝突するまで垂直方向に移動する
038       for _ in range(pyxel.ceil(abs(dy))):
039           step = max(-1, min(1, dy))
```

次ページに続く ➡

```
040            if is_character_colliding(x, y + step):
041                break
042            y += step
043            dy -= step
044
045        # 壁と衝突するまで水平方向に移動する
046        for _ in range(pyxel.ceil(abs(dx))):
047            step = max(-1, min(1, dx))
048            if is_character_colliding(x + step, y):
049                break
050            x += step
051            dx -= step
052
053        return x, y
```

例えば、ゲーム開始直後はどのような処理になるのでしょうか。

←→を押していない状態でかつジャンプをしていない状態の場合、変数dxは0、変数dyは4です。つまり、push_back関数を呼び出すときの第1引数は0、第2引数は112、第3引数は0、第4引数は4になります。

```
self.x, self.y = push_back(0, 112, 0, 4)
```

collision.pyの46行目のfor文では、range関数の引数として「pyxel.ceil(abs(dy))」を指定しています。abs関数 (P.141) は引数の値の絶対値を返す関数で、変数dxが4の場合は4を返します。そして、abs関数で求めた値は、**pyxel.ceil関数**の引数として渡されます。

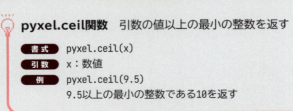

pyxel.ceil関数の引数が4の場合、戻り値は4となり、range関数の引数も4になります。つまり、変数dyが4の場合は、38行目のfor文では4回繰り返し処理を行います。

```
for _ in range(4):············4回繰り返す
```

繰り返し処理に入ると39行目で、変数dyが1以上の場合は1、変数dyが-1以下の場合は-1が変数stepに入ります。そのため、変数dyが4のとき、変数stepには1が入ります。

```
step = max(-1, min(1, 4))··· 変数stepに1が入る
```

キャラクターと壁が衝突しているかどうかは、is_character_colliding関数で判定します。
第1引数が0（変数x）、第2引数が113（変数y+1）の場合、戻り値はTrueなので変数yと変数dyは変更されずに、繰り返し処理が終わります。

もし、PlayerインスタンスのX座標が0でY座標が108の場合、4回繰り返しても壁にはめ込まないので、変数yは112になります。

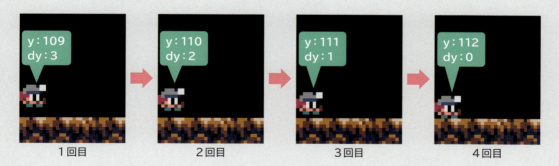

2つ目のfor文では、Y軸方向と同様の方法でX軸の移動方向も壁にめり込まないかを判定し、めり込まない位置のX座標に設定します。以上により、キャラクターが床にめり込むことを防ぎます。
2つの軸の方向に1ずつ動かしてタイルとの接触を判定することで、複雑な壁であってもすり抜けを防止できます。ジャンプ処理についてはP.247で説明しますが、右斜方向にジャンプさせた際に、単に座標を変化させるだけでは壁にめり込んでしまう恐れがあります。

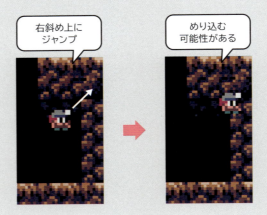

縦方向にめり込む直前まで1ピクセルずつ移動させ（1つ目のfor文）、続いて横方向にめり込む直前まで1ピクセルずつ移動させることで（2つ目のfor文）、複雑な壁であってもめり込みは発生しません。

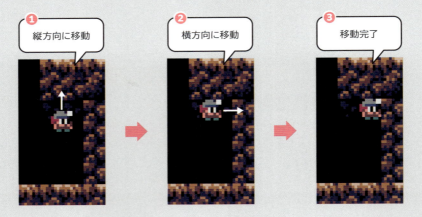

● **is_character_colliding関数**

それでは、もう一歩踏み込んでpush_back関数から呼び出すis_character_colliding関数も見てみましょう。

collision.py（抜粋）

```
013  # 指定した座標が壁と重なっているか判定する
014  def in_collision(x, y):
015      return get_tile_type(x, y) == TILE_WALL
016
017
018  # キャラクターが壁と重なっているか判定する
019  def is_character_colliding(x, y):
```

```
020        # キャラクターと重なっているタイル座標の領域を計算する
021        x1 = pyxel.floor(x) // 8
022        y1 = pyxel.floor(y) // 8
023        x2 = (pyxel.ceil(x) + 7) // 8
024        y2 = (pyxel.ceil(y) + 7) // 8
025
026        # タイル座標の領域が壁と重なっているかどうかを判定する
027        for yi in range(y1, y2 + 1):
028            for xi in range(x1, x2 + 1):
029                if in_collision(xi * 8, yi * 8):
030                    return True   # 壁と衝突している
031
032        return False   # 壁と衝突していない
```

push_back関数で、変数xが0、変数yが112、変数stepが1の場合、is_character_colliding関数を呼び出すときの第1引数は0、第2引数は113（変数y + 変数step）です。

```
if is_character_colliding(0, 113):
```

is_character_colliding関数で引数xが0、引数yが113の場合、変数x1、y1、x2、y2はそれぞれ次のような状態になり、in_collision関数で赤枠の範囲に壁がないかを判別します。

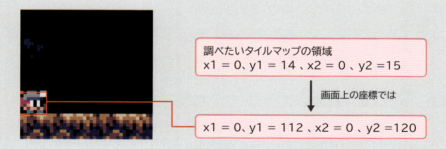

また、変数x1と変数y1を求める際に使用している**pyxel.floor関数**は次のような働きがあります。

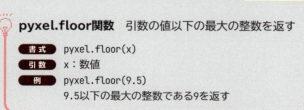

in_collision関数を呼び出すときは、タイルマップ上の座標ではなく、画面上の座標が引数であることに注意しましょう。21～24行目では8で整数除算を行い、調べたいタイルマップの領域を求めていますが、29行目でin_collision関数を呼び出すときは引数に8を掛けています。

キャラクターは座標によって複数のタイルをまたぎます。そのため、is_character_colliding関数では、引数の座標に応じて判定するタイル数が変わります。例えば、次のように①の場合は4タイル分、②の場合は2タイル分、③の場合は1タイル分です。

①4つのタイルをまたぐとき

②2つのタイルをまたぐとき

③タイルとピッタリ重なっているとき

ジャンプしたとき、壁にめり込まないのも、壁の上を歩けるのも、全部この押し戻し処理のおかげなんだよ。

下に向かって加速する重力の処理と、壁からの押し戻しでバランスがとれて、壁の上を移動できるんだね。

ちょっとずつアクションゲームの処理のポイントが掴めてきているようだね。残りのポイントは2つだから、最後まで気を抜かずに見ていこう。

Chapter 7
Section 07 ジャンプ処理について学ぼう

横スクロールゲームだと、プレイヤーの操作としてジャンプは欠かせないよね。

ジャンプのタイミングが悪いと敵に当たっちゃったり、ぎりぎりで足場に届かなかったり、悔しいときもあるけど、その悔しさが楽しさでもあるよね。

うんうん。Cursed Cavernsにもジャンプ操作があるけど、タイルマップで岩の配置を調整することで、難易度を調整できるんだ。ここではどうやってジャンプをさせるかを見ていこう。

了解です！

ジャンプ処理

　このゲームでは、Space を押したときと、プレイヤーがキノコ（TILE_MUSHROOM）に接触したときにジャンプします。ジャンプの高さが異なるものの、処理自体は同じです。player.pyのupdate関数の中で、変数dyと変数jump_counterを使って、プレイヤーをジャンプさせています。

entities/player.py（抜粋）

```
018        # プレイヤーを更新する
019        def update(self):

       ...（省略）...

033            # 下方向に加速する
034            if self.jump_counter > 0:   # ジャンプ中
035                self.jump_counter -= 1  # ジャンプ時間を減らす
```

次ページに続く

```python
036            else:  # ジャンプしていない時
037                self.dy = min(self.dy + 1, 4)  # 下方向に加速する
038
039            # タイルとの接触処理
040            for i in [1, 6]:
041                for j in [1, 6]:
042                    x = self.x + j
043                    y = self.y + i
044                    tile_type = get_tile_type(x, y)

    ...（省略）...

056                    if self.dy >= 0 and tile_type == TILE_MUSHROOM:  # キノコに触れた時
057                        # ジャンプの距離を設定する
058                        self.dy = -6
059                        self.jump_counter = 6
060
061                        # 効果音を再生する
062                        pyxel.play(3, 2)

    ...（省略）...

072        # ジャンプする
073        if (
074            self.dy >= 0
075            and (
076                in_collision(self.x, self.y + 8) or in_collision(self.x + 7, self.y + 8)
077            )
078            and (pyxel.btnp(pyxel.KEY_SPACE) or pyxel.btnp(pyxel.GAMEPAD1_BUTTON_B))
079        ):
080            # 上昇中ではなく、プレイヤーの左下又は右下が床に接している状態で
081            # スペースキーまたはゲームパッドのBボタンが押された時
082            self.dy = -6
083            self.jump_counter = 2
084            pyxel.play(3, 0)
085
086        # 押し戻し処理
087        self.x, self.y = push_back(self.x, self.y, self.dx, self.dy)
```

　ジャンプの条件を満たしていたとき、変数dyと変数jump_counterの値を変更し、ジャンプ中の状態にします。

なお、Spaceを押したときより、キノコに接触したときのほうが高くジャンプさせたいので、変数jump_counterの値を大きくしています。

そのあと、87行目でpush_back関数を呼び出し、キャラクターの上に岩がない場合は上に向かって移動します。

update関数が呼び出されると、34行目のif文でジャンプ中のとき（self.jump_counterが0より大きい）、落下処理が実行されず、jump_counterを0になるまで減らす処理が行われます。対してジャンプ中ではないとき（self.jump_counterが0以下）は、変数dyの値を増やし、下方向に加速する処理が行われます。

● ジャンプができる条件

キノコに触れたときにジャンプをしますが、すでに上に向かって移動中のとき（self.dyが0より小さい）、56行目の条件式はFalseとなります。

```
056    if self.dy >= 0 and tile_type == TILE_MUSHROOM:  # キノコに触れた時
```

これはキノコでジャンプを開始した直後、同じキノコに接触して連続でジャンプ判定が発生しないようにするための処理です。

また、Space でジャンプするときは、in_collision関数（P.244）でプレイヤーの足元が壁であるかもチェックします。

```
073  if (
074      self.dy >= 0
075      and (
076          in_collision(self.x, self.y + 8) or in_collision(self.x + 7, self.y + 8)
077      )
078      and (pyxel.btnp(pyxel.KEY_SPACE) or pyxel.btnp(pyxel.GAMEPAD1_BUTTON_B))
079  ):
```

76行目でin_collision関数を2回呼び出しているのは、プレイヤーの座標によってはタイルを2つまたぐためです。プレイヤーの左端下（self.x, self.y +8）とプレイヤーの右端下（self.x + 7, self.y + 8）の2箇所を調べることで、どちらか一方だけでも壁があればジャンプをできるようにしています。

変数jump_counterの値を大きくすればするほど高くジャンプするから、ゲームの難易度を調整したいときに、この値を変更するのもありだよ。

もっと高くジャンプできれば、溶岩や敵を避けやすくなるかもね。あとで試してみよっと。

Chapter 7
Section 08 敵の出現処理を学ぼう

次が最後のポイントで、敵の出現処理についてだよ。

プログラムの中に出現する位置の指定がなかったので気になってたんだよね。

実は敵の出現位置はタイルマップ上で指定しているんだ。

えっ……（タイルマップを確認中）……もしかしてこの丸って……。

フフフ……じゃあ敵の出現処理を見てみようか。

敵の出現処理

　アクションゲームで、敵の出現場所やタイミングを管理する方法はいくつかありますが、Cursed Cavernsではタイルマップを利用しています。
　タイルマップ0番を確認すると、緑丸や赤丸などのタイルが点在していることがわかります。この丸が描画されたタイルが、敵が出現する位置です。

敵が出現する位置

Chapter 7
Section
08

敵とタイルは、次のように対応しています。

敵の種類	敵の画像	出現位置のタイル種別	出現位置のタイル画像
グリーンスライム		TILE_SLIME1_POINT	
レッドスライム		TILE_SLIME2_POINT	
マミー		TILE_MUMMY_POINT	
フラワー		TILE_FLOWER_POINT	

　以上を踏まえて、敵の出現処理を見ていきましょう。play_scene.pyのspawn_enemy関数で、敵の出現処理を行います。

📝 **scenes/play_scene.py（抜粋）**

```
013  # プレイ画面クラス
014  class PlayScene:
015      # プレイ画面を初期化する
016      def __init__(self, game):
017          self.game = game
018
019      # プレイ画面を開始する
020      def start(self):

   ...（省略）...

030          # 敵を出現させる
031          self.spawn_enemy(0, 127) ·················· spawn_enemy関数を呼び出す

   ...（省略）...

037      # 敵を出現させる
038      def spawn_enemy(self, left_x, right_x):
039          game = self.game
040          enemies = game.enemies
041
042          # 判定範囲のタイルを計算する
```

252

```
043            left_x = pyxel.ceil(left_x / 8)
044            right_x = pyxel.floor(right_x / 8)
045
046            # 判定範囲のタイルに応じて敵を出現させる
047            for tx in range(left_x, right_x + 1):
048                for ty in range(16):
049                    x = tx * 8
050                    y = ty * 8
051                    tile_type = get_tile_type(x, y)
052
053                    if tile_type == TILE_SLIME1_POINT:  # グリーンスライムの出現位置の時
054                        enemies.append(Slime(game, x, y, False))
055                    elif tile_type == TILE_SLIME2_POINT:  # レッドスライムの出現位置の時
056                        enemies.append(Slime(game, x, y, True))
057                    elif tile_type == TILE_MUMMY_POINT:  # マミーの出現位置の時
058                        enemies.append(Mummy(game, x, y))
059                    elif tile_type == TILE_FLOWER_POINT:  # フラワーの出現位置の時
060                        enemies.append(Flower(game, x, y))
061                    else:
062                        continue
063
064                    # 出現位置タイルを消す
065                    pyxel.tilemaps[0].pset(tx, ty, (0, 0))
066
067        # プレイ画面を更新する
068        def update(self):
```

... (省略) ...

```
081            # プレイヤーがスクロール境界を越えたら画面をスクロールする
082            if player.x > game.screen_x + SCROLL_BORDER_X:
083                last_screen_x = game.screen_x
084                game.screen_x = min(player.x - SCROLL_BORDER_X, 240 * 8)
085                # 240タイル分以上は右にスクロールさせない
086
087                # スクロールした幅に応じて敵を出現させる
088                self.spawn_enemy(last_screen_x + 128, game.screen_x + 127)  …関数を呼び出す
```

　spawn_enemy関数の呼び出しは、start関数が呼び出されてプレイ画面を開始するときと、update関数で画面をスクロールするときです。また、spawn_enemy関数に渡す引数は、敵の出現

チェックを行いたい範囲の左端と右端のX座標です。プレイ画面を開始するときは、表示されている画面全体をチェックしたいため、第1引数は0、第2引数は127を渡します。

X座標0～127の範囲をチェック

スクロールが発生した場合は、変数last_screen_xにスクロールさせる前の状態のgame.screen_xを入れておくことで、変数last_screen_xと更新されたgame.screen_xの差分範囲に対して、敵出現位置があるかをチェックしています。

例えば、player.xが88から90になると、変数last_screen_xが8、game.screen_xが10になり、X座標が136、137の範囲で敵を出現させるかをチェックします。X座標136、137は、タイルマップ上ではX座標17と重なり、タイルマップのX座標17に出現位置のタイル画像があるときは、敵を出現させます。

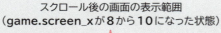

スクロール後の画面の表示範囲
（game.screen_xが8から10になった状態）

タイル座標17の範囲

game.screen_xが8から10になると
新たに表示される範囲

この範囲に敵の出現タイルがあると
敵が出現する

敵を出現させたあと、宝石と同じようにタイルマップ.pset関数で敵出現タイルを消しています。敵出現タイルをそのままにしてしまうと、敵出現タイルが表示されたり、敵が連続で出現したりしてしまいます。

● 敵の移動

最後に敵の移動についてです。スライムとマミーは自動的に移動し、どちらも壁があると方向を転換します。スライムは進行方向に床があるかどうかはチェックしないのですが、マミーは進行方向に床があるかをチェックして、床がない場合は落ちないように方向を転換します。

entities/mummy.py（抜粋）

```python
016        # マミーを更新する
017        def update(self):
018            # 移動距離を決める
019            self.dx = self.direction   # X軸方向の移動距離
020            self.dy = min(self.dy + 1, 3)   # Y軸方向の移動距離
021    
022            # 移動方向を反転させる
023            if in_collision(self.x, self.y + 8) or in_collision(
024                self.x + 7, self.y + 8
025            ):   # 床の上にいる時
026                if self.direction < 0 and (
027                    in_collision(self.x - 1, self.y + 4)
028                    or not in_collision(self.x - 1, self.y + 8)
029                ):   # 移動先に壁があるまたは床がない時
030                    self.direction = 1   # 右に移動する
031                elif self.direction > 0 and (
032                    in_collision(self.x + 8, self.y + 4)
033                    or not in_collision(self.x + 8, self.y + 8)
034                ):   # 移動先に壁があるまたは床がない時
035                    self.direction = -1   # 左に移動する
```

これらの処理の組み合わせ次第で、さまざまな移動パターンを作ることができます。

敵の位置を変えたり、増やしたりするのもタイルマップ上で設定できるよ。敵の種類や出現位置によってゲームの難易度が大きく変わるから、自由に調整してみるといいよ。

最後のほう敵が多かったから、ちょっと減らしちゃおっかなー。

まとめ

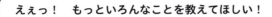

Pyxelを使ったゲームの作り方で、僕が教えられるのはここまでかな。

ええっ！ もっといろんなことを教えてほしい！

ここまでに説明したことを組み合わせれば、いろんな種類のゲームを作れるはずだよ。次はわかばちゃんが作りたいゲームを作ってみてほしいな。

ファンタジーなRPGを作ってみたいと思っていたので、タイルマップを使って、ダンジョンとかワールドマップを作ってみるね！

いいね！ もしわからないことがあったら、また連絡してきてよ。

7章で学んだこと

- **モジュールの分割方法のコツ**
    - 1つのモジュールに1つの役割
    - 関連する機能を1つにまとめる
- **タイルマップの扱い**
    - pyxel.bltm関数でタイルマップを描画する
    - タイルマップ.pget関数でタイル情報を取得する
- **スクロール処理**
    - pyxel.camera関数で画面の基準位置を変更する
- **押し戻し処理**
- **ジャンプ処理**
- **横スクロールゲームで敵を出現させる方法**

CHAPTER 8
作ったゲームで遊んでもらおう

Chapter 8
Section 01

ゲームを手軽に遊べるようにしよう

うーん……どうしたものか……。

新しいゲーム作りで困りごとかな？

この前作ったゲームをアレンジしてみたんだけど、友達に遊んでもらうにはどうしたらいいのかなと思って。せっかく作ったんだし、みんなに遊んでもらいたいな。

うんうん。作ったものを友達に遊んでもらったり、インターネットで公開したりするのはとてもいいことだよ。感想をもらえると、新しい工夫ややる気につながるからね。実はPyxelで作ったゲームは、Webブラウザで動かすこともできるんだよ。

本当!?　それならパソコンがなくてもスマホで遊んでもらえるね。

Pyxelで作ったゲームをほかの人に遊んでもらう方法はいくつかあるから、1つずつ試してみよう。

Pyxelアプリケーションファイルを作ろう

　PythonとPyxelがインストールされているパソコンであれば、pyファイルやリソースファイルなどを渡して、作ったゲームで遊んでもらうことは可能です。しかし、pyファイルやリソースファイルの数が多いと、まとめてコピーするのが手間に感じる人がいるかもしれません。Pyxelには、**Pyxelアプリケーションファイル（pyxappファイル）** という、pyファイルやリソースファイルを1つにまとめたファイルを作る機能があり、そのファイルを配布してゲームで遊んでもらうことができます。

　pyxappファイルを作成するには、**pyxel package コマンド**を使います。

```
pyxel package 対象フォルダ メインモジュールであるpyファイル
```

pyxel_studyフォルダを開いている状態で、7章で説明したCursed Cavernsのpyxappファイルを作成する場合、次のようなコマンドを実行します。

```
pyxel package chapter7 ./chapter7/main.py
```

実行すると、pyxel_studyフォルダの直下にchapter7.pyxappが作成されます。

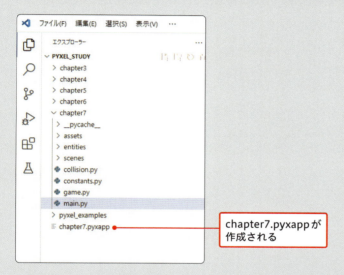

chapter7.pyxappが作成される

pyxappファイルを実行するときは、**pyxel play コマンド**を使用します。

```
pyxel play pyxappファイル
```

chapter7.pyxappは次のコマンドで実行できます。

```
pyxel play chapter7.pyxapp
```

PythonとPyxelがインストールされている環境の人であれば、このpyxappファイルだけを共有すれば遊んでもらうことができます。また、Windowsで作ったものをmacOSで遊んだり、macOSで作ったものをWindowsで遊ぶことも可能です。

exeファイル／appファイルを作ろう

　今度は、PythonとPyxelがインストールされていないパソコンでも遊べるように、Windowsではexeファイル、macOSではappファイルを作成してみましょう。

　exeファイル／appファイルを作成するには、Pyinstaller（パイインストーラー）というツールが必要です。pipコマンド（macOSはpip3コマンド）で、Pyinstallerをインストールしてください。

　なお、pipコマンドはVSCodeのターミナルでも実行できます。

```
pip install pyinstaller
```

　Pyinstallerがインストールされている状態で、**pyxel app2exeコマンド**を使うと、pyxappファイルをexeファイル（macOSであればappファイル）に変換できます。

```
pyxel app2exe pyxappファイル
```

　次のコマンドで、chapter7.pyxappをexeファイル／appファイルに変換してみましょう。

```
pyxel app2exe chapter7.pyxapp
```

　実行するとpyxel_studyフォルダの直下に、chapter7.exe（macOSではchapter7.app）が作成されます。WindowsではWindows標準のエクスプローラー、macOSではFinderでpyxel_studyフォルダを開き、exeファイルまたはappファイルをダブルクリックするとゲームを実行できます。

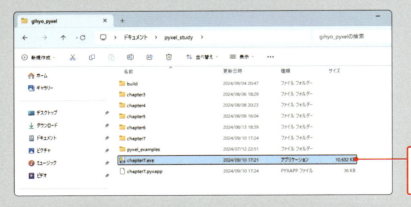

exeファイル（またはappファイル）をダブルクリックで実行できる

　pyxel app2exeコマンドは、実行している環境に応じたファイルを出力します。WindowsでmacOS用のappファイルを実行したり、macOSでWindows用のexeファイルを実行することはできないので、注意しましょう。

htmlファイルを作成する

最後にhtmlファイルを作って、Webブラウザでも遊べるようにしてみましょう。**pyxel app2htmlコマンド**を使うと、pyxappファイルをhtmlファイルに変換できます。

```
pyxel app2html pyxappファイル
```

次のコマンドで、chapter7.pyxappのhtmlファイルを作成してみましょう。

```
pyxel app2html chapter7.pyxapp
```

実行するとpyxel_studyフォルダの直下に、chapter7.htmlが作成されます。Windowsでは Windows標準のエクスプローラー、macOSではFinder上でhtmlファイルをダブルクリックすると Webブラウザでゲームを実行できます。

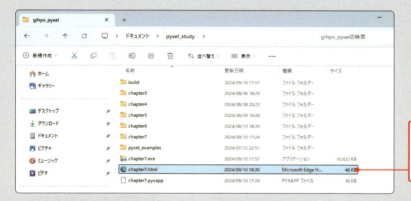

htmlファイルをダブルクリックすると、Webブラウザでゲームが実行される

なお、htmlの場合、最初にPyxelのロゴが表示されたあと、「CLICK TO START」と表示され、画面をクリックするとゲームが開始します。

261

> このhtmlファイルを友達に渡せば、気軽に遊んでもらえるね。

> Webサイトを持っている人の場合、Webで公開すれば、いろんな人に遊んでもらえるよ。僕もみんなが作ったゲームで遊んでみたいから、公開してくれると嬉しいな。

COLUMN　GitHubのリポジトリを直接実行する方法

GitHubでプログラムを公開している場合、リポジトリにあるプログラムを使ってWebブラウザで動作させることが可能です。詳しくは下記のPyxel公式サイトに記載されているので、参考にしてみてください。

- Web版Pyxelの使い方

    https://github.com/kitao/pyxel/blob/main/docs/pyxel-web-ja.md

COLUMN　スマートフォン対応

スマートフォンでは、バーチャルゲームパッドで遊ぶことができます。上記に記載しているWeb版Pyxelの使い方ページに、バーチャルゲームパッドを有効にする方法が記載されています。Pyxelはゲームパッド用に「GAMEPAD1_BUTTON_DPAD_UP」「GAMEPAD1_BUTTON_A」などのキー名が設定されており、ゲームパッドに対応することでバーチャルゲームパッドでも操作できるようになります。

COLUMN　ソフトウェアライセンスの注意点

PyxelはMITライセンスの下で公開されています。Pyxelで作ったオリジナルのゲームを、自由に販売や頒布をすることができますが、ソースコードやライセンス表示用のファイルなどで「著作権」と「ライセンス全文」の表示を行う必要があります。下記にPyxelの「著作権」と「ライセンス全文」を記載したファイルがあります。こちらの文章をそのままコピーして、プログラムと一緒に配布していただければ大丈夫です。Webページで公開する場合は、下記URLのリンクを貼っていただく形でも構いません。

- Pyxelの「著作権」と「ライセンス全文」

    https://github.com/kitao/pyxel/blob/main/LICENSE

APPENDIX

付録
Pyxel Editorの使い方

Pyxel Editorの基本操作

　Pyxelに付属しているPyxel Editorは、ゲーム内で使用する絵、タイルマップ、音楽（サウンド、ミュージック）を作るためのツールです。画面上部にある4つのボタンでエディタを切り替えられます。

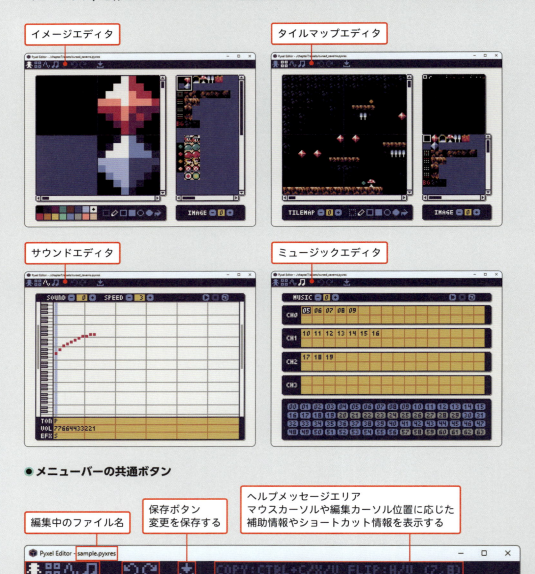

またメニューバーのボタンと同じ操作は、ショートカットキーとして割り当てられています。macOSの場合、以降に紹介するショートカットキーは、`Alt`を`option`、`Ctrl`を`control`に読み替えてください。

メニューバーのショートカットキー

ショートカットキー	働き
`Alt`+`←`または`→`	表示するエディタの種類を切り替える
`Ctrl`+`Z`	1つ前の状態に戻す
`Ctrl`+`Y`	1つ先の状態に進める
`Ctrl`+`S`	保存する

そのほかに、次のようなエディタ共通のショートカットキーもあります。

エディタ共通のショートカットキー

ショートカットキー	働き
`Shift`+`Ctrl`+`C`	編集対象全体（イメージバンクなど）のコピー
`Shift`+`Ctrl`+`X`	編集対象全体をカット（コピー＆クリア）
`Shift`+`Ctrl`+`V`	コピーした対象をペースト
`Shift`+UIの[＋]ボタン	対象の値を10増やす
`Shift`+UIの[－]ボタン	対象の値を10減らす

● 新しいPyxelリソースファイルの作り方

新規のpyxresファイル（Pyxelリソースファイル）を作る方法は2つあります。1つはpyxel editコマンドをファイル名を指定せずに実行する方法、もう1つはpyxel editコマンドに新規に作るファイル名を指定して実行する方法です。

```
pyxel edit
```

```
pyxel edit 新規で作りたいpyxresファイルの名前
```

Pyxel Editorが起動したあと、`Ctrl`+`S`を押す、または■をクリックして保存すると、新規のファイルが作成されます。ファイル名を指定しなかった場合は、「my_resource.pyxres」というファイル名になります。

なお、Pyxel EditorにPyxelリソースファイルをドロップすると、ドロップしたファイルが読み込まれます。ファイルをドロップすると現在の編集内容がすべて上書きされるので、保存をしていない場合はご注意ください。

イメージエディタの操作

イメージエディタは、イメージバンクを編集する画面です。イメージバンクの仕様は次のとおりです。

- イメージバンクは0〜2番の3枚
- 1枚あたり256×256ピクセル
- 左上がX座標0、Y座標0で、X座標は右へ、Y座標は下へいくほど数値が大きくなる

● イメージエディタのUI

イメージバンクビューで、選択中のイメージバンクの編集エリアを選択します。白い枠線が現在選択している編集エリアで、この範囲がイメージキャンバスに拡大表示されます。イメージキャンバスでは、イメージバンクビューで選択している編集エリアの編集を行えます。

なお、イメージバンクビューの白い枠線（編集エリア）は、↑↓←→で移動させることができます。

カラーボタンやツールボタンは、マウスクリックに加えて、ショートカットキーで選択することも可能です。

色を選択するショートカットキー

色番号	ショートカットキー	色番号	ショートカットキー
色番号0	①	色番号8	Shift + ①
色番号1	②	色番号9	Shift + ②
色番号2	③	色番号10	Shift + ③
色番号3	④	色番号11	Shift + ④
色番号4	⑤	色番号12	Shift + ⑤
色番号5	⑥	色番号13	Shift + ⑥
色番号6	⑦	色番号14	Shift + ⑦
色番号7	⑧	色番号15	Shift + ⑧

ツールボタンの機能とショートカットキー

ボタン	機能	ショートカットキー	働き
	範囲選択	S	範囲を選択する
	ペン	P	線を描画する。描画中に Shift を押すと直線の描画になる
	矩形の輪郭	R	矩形（四角）の輪郭線を描画する。描画中に Shift を押すと正方形に固定される
	矩形	Shift + R	中が塗りつぶされた矩形（四角）を描画する。描画中に Shift を押すと正方形に固定される
	円の輪郭	C	楕円の輪郭線を描画する。描画中に Shift を押すと正円に固定される
	円	Shift + C	中が塗りつぶされた楕円を描画する。描画中に Shift を押すと正円に固定される
	塗りつぶし	B	クリック箇所と同じ色でつながっている領域を塗りつぶす

また範囲選択ツールを選択中のときは、次のようなショートカットキーを利用できます。

範囲選択ツールに関連するショートカットキー

ショートカットキー	働き
Ctrl + C	選択した範囲のコピー
Ctrl + X	選択した範囲のカット（コピー＆クリア）
Ctrl + V	コピーした範囲をペースト
H	選択範囲を左右に反転する
V	選択範囲を上下に反転する

● 描画ツール

ペンを選択した状態で、イメージキャンバスをクリックまたはドラッグすると、点や線を描けます。

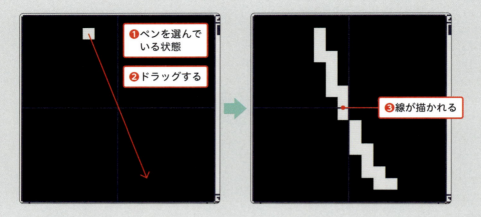

矩形や円を描画するツールでは、次のような描画が行えます。

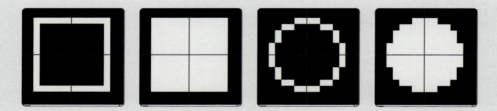

> **COLUMN** 編集UI上で色を選択する
>
> イメージキャンバス上で右クリックすると、その場所にある色を選択することができます。次のようにカラーボタンの白が選択されている状態で、イメージキャンバス上で黒の部分を右クリックすると、カラーボタンも黒が選ばれた状態になります。
>
>

付録 Pyxel Editorの使い方 **Appendix**

● **jpgファイルやpngファイルをイメージバンクに使用する方法**

　jpgファイルやpngファイルなどの画像を使用したいときは、イメージエディタにファイルをドラッグ＆ドロップすることで、編集エリア（白い枠）の位置に画像をコピーすることができます。ただし、次の点に注意が必要です。

- カラーパレットと異なる色が使われている場合、色が自動的に変換される
- イメージバンクのサイズを超えた部分はカットされる

　例えば次のように、青空の画像をイメージエディタにドラッグ＆ドロップしてみます。

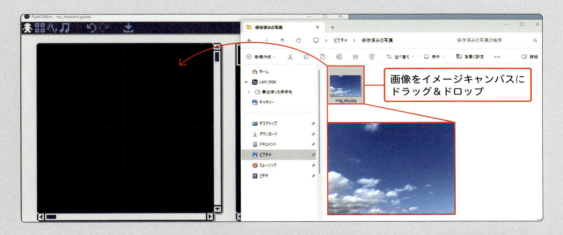

　ドラッグ＆ドロップして反映すると、画像の元の色ではなく、カラーパレットの色に変換されていることがわかります。

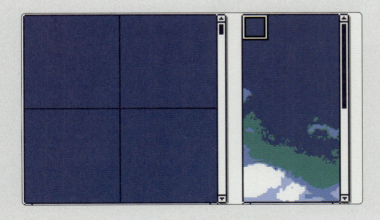

　実際にプログラムで描画すると次のように表示されます。

269

> **COLUMN** サンプルゲームのイメージバンクを改変してみよう

サンプルゲームのイラストはイメージエディタで編集することができます。例えば、5章のSpace Rescueに登場する宇宙船の色を変えてみてもいいでしょう。
なお、サンプルファイルは個人での学習目的および教育機関内での教育目的にかぎり、改変や流用して使用することが可能です。それ以外の目的での二次配布や改変しての再配布、商用利用はご遠慮ください。

付録 Pyxel Editorの使い方 **Appendix**

タイルマップエディタの操作

タイルマップエディタは、タイルマップを編集する画面です。タイルマップの仕様は次のとおりです。

- タイルマップは0〜7番の8枚
- 1枚あたり256×256タイル
- イメージバンクから、縦横8ピクセルの画像を1つのタイル画像としてタイルマップに配置
- 1枚のタイルマップで参照できるイメージバンクは1つのみ

● タイルマップエディタのUI

　タイルマップビューでは、編集中のタイルマップの編集エリアを選択します。白い枠線が現在選択している編集エリアで、この範囲がキャンバスに拡大表示されます。タイルマップキャンバスでは、選択中のタイルマップの編集エリアの編集を行えます。そしてタイルイメージビューで、参照先のイメージバンクのどの領域をタイル画像として使用するかを選択します。白い枠線がタイルマップの描画に使用するタイル画像で、マウスでドラッグすることにより、タイル画像の範囲を大きくすることができます。

271

ツールボタンの機能とショートカットキー、範囲選択ツールを選択中に使えるショートカットキーは、イメージエディタと同じです（P.267参照）。

　また、タイルマップビューの白い枠線（編集エリア）は ↑↓←→ で移動させることができ、タイルイメージビューの白い枠線は Shift + ↑↓←→ で移動させることができます。

> **COLUMN** 外部ファイルをタイルマップに使いたいとき
>
> タイルマップエディタでは、Tiled Map File（TMXファイル）を読み込むことができます。タイルマップエディタにTMXファイルをドラッグ＆ドロップすると、選択中のタイルマップの編集エリア（白い枠）の位置にドロップしたTMXファイルのレイヤ0がコピーされます。TMXファイルはTiledというツールで編集できます。外部ファイルをタイルマップに使用したいときは、Tiledで編集したTMXファイルを使ってください。
>
> ▪ Tiled公式サイト
> 　https://www.mapeditor.org/

● 複数のタイル画像を選んでいるときの描画

　タイルイメージビューでドラッグして複数のタイル画像を選んでいるときにペンなどで描画すると、選択している範囲のタイル画像が繰り返し描画されます。

　例えば7章のサンプルゲームで使った「cursed_caverns.pyxres」で、タイル画像（1, 0）の赤い宝石のみを選択している状態でペンを使うと、次のような状態になります。

タイル画像(1,0)の赤い宝石とタイル画像(1,1)の灰色の宝石を2つ選択している状態で、ペンを使って上から下に向かって線を描画すると、2つのタイルが交互に繰り返しながら描画されます。

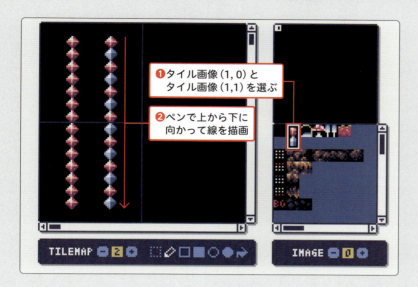

縦横に複数のタイル画像を選んでいる場合も、その範囲が繰り返し描画されます。

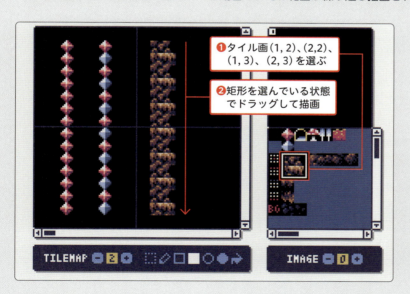

なお、ドラッグ開始時の位置が、選択しているタイル画像の範囲の左上のタイルになります。

● タイルマップを編集する際の注意点

　タイルマップの初期状態は、イメージバンクの(0,0)の位置にあるタイル画像が敷き詰められています。そのため、mega_wing.pyxresでタイルマップを編集しようとすると、自機が敷き詰められた状態になります。

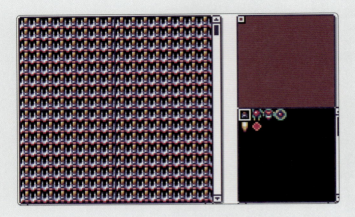

　タイルマップを編集する場合、参照するタイル画像の(0,0)には何も描かれていない状態にしておくことをおすすめします。

> **COLUMN**　サンプルゲームのタイルマップを改変してみよう
>
> 7章のCursed Cavernsのタイルマップを改変して、オリジナルのダンジョンをぜひ作ってみてください。宝石をたくさん配置して、スコアチャレンジのようなゲーム性を強めてもいいですし、もっと敵を配置してよりクリアが難しいダンジョンにしてみるなど、さまざまな楽しみ方ができます。
>
>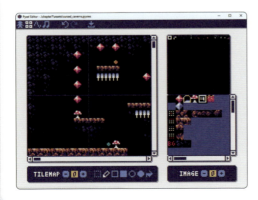

付録 Pyxel Editorの使い方 **Appendix**

サウンドエディタの操作

サウンドエディタは、効果音やミュージックエディタで使用するメロディをサウンドとして編集する画面です。サウンドの仕様は次のとおりです。

- サウンドは0〜63番の64種類
- 音域はC0〜C4
- 長さは48音まで
- 同時に再生できるのは1音（または休符）のみ
- 1音ごとに、音色、音量、エフェクトを設定できる

● サウンドエディタのUI

ピアノロールは、音の音程（高低差）を入力するUIで、発音する音は赤、休符は青の四角で表示されます。オクターブバーは、ショートカットキーで音を入力する際の音域を表します。そして、プロパティエリアでは、音ごとの再生方法（音色、音量、エフェクト）を設定できます。ピアノロールを編集中のときは、青いカーソルが表示されます。

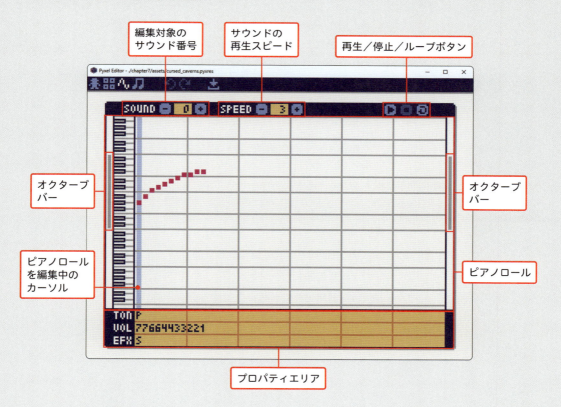

275

プロパティエリアを編集中のときは、次のようなカーソルが表示されます。

イメージエディタなどほかのエディタと同様に、ショートカットキーでピアノロールやプロパティエリアを操作できます。

ピアノロールと編集プロパティに関するショートカットキー

ショートカットキー	働き
↓ または ↑	ピアノロールとプロパティエリアの切り替え
← または →	ピアノロール上のカーソル、またはプロパティエリアの編集カーソルの移動
Del （macOSの場合は fn + delete ）	現在位置の音を削除
Backspace （macOSの場合は delete ）	現在位置の1つ前の音を削除
Space	再生
Shift + Space	カーソルの位置から再生
L	繰り返し再生のON/OFF
Ctrl + A	編集中の音またはプロパティの全範囲を選択
Shift + ← または →	編集中の音またはプロパティの範囲選択を開始

範囲選択をしているときに使用できるショートカットキーは次のとおりです。

サウンドエディタの範囲選択に関するショートカットキー

ショートカットキー	働き
Ctrl + C	選択した範囲をコピー
Ctrl + X	選択した範囲をカット（コピー＆クリア）
Ctrl + V	コピーした範囲をペースト
Ctrl + U	選択した範囲の音の音程を1上げる
Ctrl + D	選択した範囲の音の音程を1下げる

付録 Pyxel Editorの使い方 **Appendix**

● サウンドエディタの鍵盤

　サウンドエディタの鍵盤の向きを横にして、音域を確認してみましょう。鍵盤はC0～C4の音域に対応しており、その1ブロック中で白い鍵にドレミファソラシ、灰色の鍵にド#レ#ファ#ソ#ラ#にあたる音が設定されています。一番左の白の鍵は、音ではなく休符を指定するためのものです。

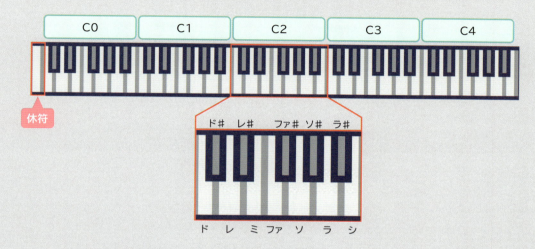

　C2のドから順番に音を設定すると次のような状態になります。

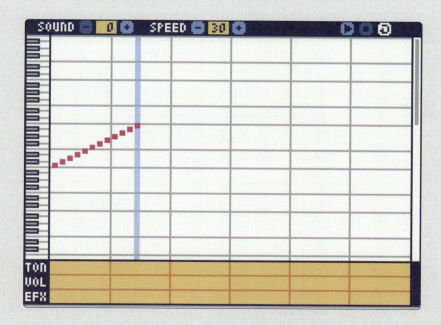

　オクターブバーで選択している音域は、次のような形でキー（鍵盤キー）が割り当てられています。

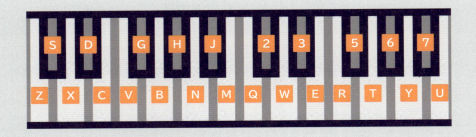

ピアノロールをクリックすることで音を設定できますが、キー入力で設定することも可能です。

ピアノロールに関連するショートカットキー

ショートカットキー	働き
1	鍵盤キーを押したときに再生する音色の変更
A + Enter	ピアノロールに休符を入力
鍵盤キー + Enter	ピアノロールに鍵盤キーの音を入力
Page Up （macOSの場合は fn + ↑）	音域を1つ上げる（オクターブバーを1つ上げる）
Page Down （macOSの場合は fn + ↓）	音域を1つ下げる（オクターブバーを1つ下げる）

　音を入力する操作について、もう少し詳しくみていきましょう。音は左から順番に再生されるため、左から順番に音を入力しなかった場合や、音と音の間が空いている場合は自動的に休符が入力されます。
　また、すでに音や休符が入力されている場所で別の音をクリックすると、あとから設定した音に上書きされます。

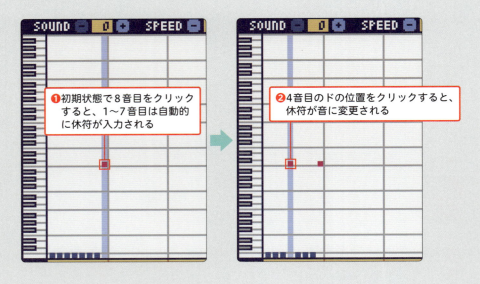

278

● 設定に関する操作

　サウンドには再生スピードを設定できるほか、音ごとに再生方法を設定することができます。音ごとに設定できる再生方法は、次の3種類です。

- Tone（音色）
- Volume（音量）
- Effect（エフェクト）

Speed（スピード）

1音あたりの長さを表す設定で、サウンドのすべての音で共通する設定です。1が一番速く（1音の長さが短い）、値が大きくなるほど遅く（1音の長さが長い）なります。最大で設定できるのは99までで、スピード1につき、音の長さが1/120 ≒ 0.0083秒長くなります。例えばスピード60であれば1音の長さは60/120=0.5秒になります。目安としては、効果音のときは1~9、メロディのときは10以上にしておくとよいでしょう。

Tone（音色）

プロパティエディタのTONで設定する項目で、音ごとに設定できます。次の4種類があり、1音目にTONが設定されていない場合は、Tが設定されている状態です。

音色の種類

文字	名称	説明
T	Triangle（トライアングル）	三角波。やわらかく優しい音。フルートのような音色
S	Square（スクエア）	矩形波。電子的ではっきりした音。クラリネットやオルガンのような音色
P	Pulse（パルス）	パルス波。明るく派手な音。トランペットのような音色
N	Noise（ノイズ）	ノイズ。音程のないザラザラした音。メロディーではなく打楽器や爆発などの効果音で使うことが多い

Volume（音量）

プロパティエディタのVOLで設定する項目で、音ごとに設定できます。0~7の8段階で、数値が大きいほど音量が大きくなり、0だと発音されません。1音目にVOLが設定されていない場合は、7が設定されている状態です。4チャンネルで同時に最大音量の7で鳴らし続けると音量が大きくなりすぎることがあるため、発音時間や同時発音数を考慮して調整しておくとよいでしょう。

Effect（エフェクト）

プロパティエディタのEFXで設定する項目で、音ごとに設定できます。次の6種類があり、1音目にEFXが設定されていない場合は、Nが設定されている状態です。

エフェクトの種類

文字	名称	説明
N	None（ナン）	何もしない
S	Slide（スライド）	直前の音から滑らかに音をつなげる
V	Vibrato（ビブラート）	音を周期的に揺らす
F	FadeOut（フェードアウト）	音の長さ全体の時間を使って徐々に音量を小さくする。連続した同じ音程の音を区切るときにも使用する
H	Half-FadeOut（ハーフフェードアウト）	音の後半半分の時間で徐々に音量を小さくする。区切りとして使うとFよりも発音時間が長くなる
Q	Quarter-FadeOut（クォーターフェードアウト）	音の最後の1/4の時間で徐々に音量を小さくする。区切りとして使うとHよりも発音時間が長くなる

　プロパティエディタの操作を少し詳しくみてみましょう。ピアノロールを編集している状態で、プロパティエディタのTONをクリック、または↓を押すと、音色を編集できるようになります。

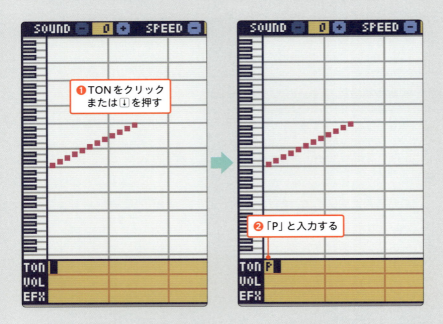

　これで音色にPulseが設定されました。途中から音色を変えたい場合は、次のようにすべての音に対して、音色を設定します。

付録 Pyxel Editorの使い方 **Appendix**

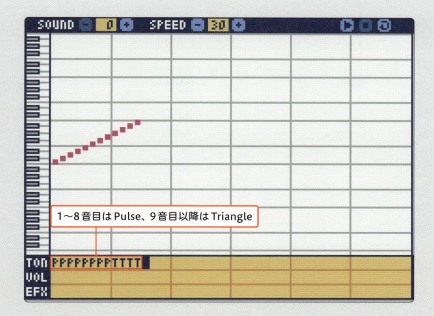

　同様の手順で、VOLには音量、EFXには6種類のエフェクトを設定できます。VOLとEFXも途中から設定を変更したい場合、切り替えたいすべての音に対して設定を行います。

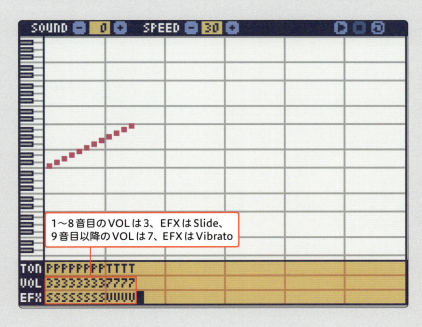

ミュージックエディタ

ミュージックエディタは、サウンドを再生順に並べてミュージックを編集する画面です。ミュージックの仕様は次のとおりです。

- ミュージックは0〜7番の8曲
- 4チャンネル使用できる
- 1チャンネルあたり32個のサウンドを設定できる

● **ミュージックエディタのUI**

シーケンスエディタの各チャンネルにサウンドの再生順序を入力します。編集時はUI上に編集カーソルが表示されます。画面下部にはサウンドボタンが配置されており、ボタンを押すと編集カーソルの位置にサウンド番号が挿入されます。サウンド作成済みの番号は青、未作成のものはグレーで表示されます。ボタンの上にマウスカーソルを重ねると、確認用にサウンドがループ再生されます。

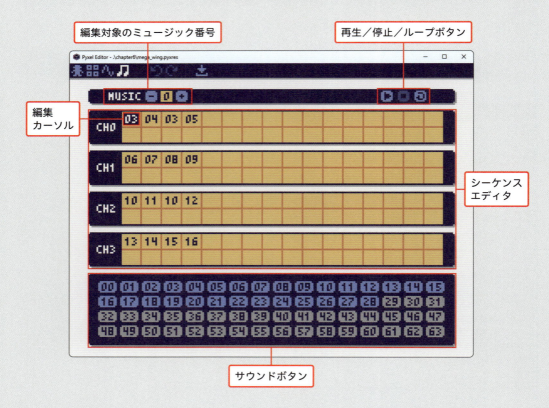

ミュージックエディタのショートカットキー

ショートカットキー	働き
↑ または ↓	編集チャンネルの切り替え
← または →	編集カーソルの移動
Del （macOSの場合は fn + delete ）	現在位置のサウンドを削除
Backspace （macOSの場合は delete ）	現在位置の1つ前のサウンドを削除
Space	再生
Shift + Space	カーソルの位置から再生
L	繰り返し再生のON/OFF
Ctrl + A	編集中のチャンネルの全範囲を選択
Shift + ↑↓←→	編集中のチャンネルを範囲選択

ミュージックエディタの範囲選択に関するショートカットキー

ショートカットキー	働き
Ctrl + C	選択した範囲をコピー
Ctrl + X	選択した範囲をカット（コピー&クリア）
Ctrl + V	コピーした範囲をペースト

Pyxel Editorの基本操作はこんな感じだよ。オリジナルのゲームを作るときに、また確認してみよう。

INDEX

記号

!= （エクスクラメーションマークとイコール）	84
" （ダブルクォーテーション）	36, 48
# （ハッシュ文字）	47, 48
% （パーセント）	33, 34
%= （パーセントとイコール）	81
（ ） （丸カッコ）	35, 149
' （シングルクォーテーション）	36, 48
- （マイナス）	33, 34
-= （マイナスとイコール）	81
* （アスタリスク）	33, 34
** （アスタリスク2つ）	33, 34
*= （アスタリスクとイコール）	81
/ （スラッシュ）	33, 34
// （スラッシュ2つ）	33, 34
//= （スラッシュ2つとイコール）	81
/= （スラッシュとイコール）	81
: （コロン）	66
[] （角カッコ）	95
__init__	108, 165
{ } （波カッコ）	127, 218
+ （プラス）	33, 34
+= （プラスとイコール）	81
< （小なり）	84
<= （小なりとイコール）	84
= （イコール）	62
== （イコール2つ）	84
> （大なり）	84
>= （大なりとイコール）	84

A・C・D

abs関数	141
and演算子	152

（右列）

append関数	100
class	108
clear関数	185
copy関数	185
def	66

E・F

elif節	87
else節	87
f-strings	127
False	85
for文	68
fps	78
from	214

I

if文	84
import文	55
in	68
is演算子	179
is not演算子	179

M・N・O

max関数	140
min関数	140
None	179
not演算子	153
or演算子	153

P

pass文	114
pipコマンド （pip3コマンド）	25
pycファイル	215

Pyinstaller	260
Python	12, 14
Python コマンド	32, 41
pyxapp ファイル	258
Pyxel	12, 15
Pyxel Editor	117, 264
Pyxel アプリケーション	258

Pyxel コマンド

app2exe	260
app2html	261
copy_examples	40
edit	117, 265
package	258
play	259
run	81
watch	81

Pyxel の関数

atan2 関数	192
blt 関数	121
bltm 関数	222
btn 関数	138
btnp 関数	132
btnr 関数	138
camera 関数	226
ceil 関数	242
circ 関数	58
circb 関数	58
cls 関数	80
cos 関数	193
dither 関数	126
flip 関数	80
floor 関数	245
init 関数	55
line 関数	58
load 関数	120
pal 関数	205

play 関数	143
playm 関数	172
pset 関数	58
rect 関数	58
rectb 関数	58
rndf 関数	102
rndi 関数	72
run 関数	110
show 関数	55
sin 関数	193
sqrt 関数	194
stop 関数	173
text 関数	45, 128
タイルマップ.blt 関数	237
タイルマップ.pget 関数	231
タイルマップ.pset 関数	235
Pyxel リソースファイル	116, 265
pyxres 形式	116

R・S・T

range 関数	68, 129
remove 関数	185
return 文	137
self	108, 111
True	85

V・W・X・Y

VSCode	17
while 文	78
X 座標	57
Y 座標	57

あ行

値	33
位置引数	67
イメージエディタ	117, 266

イメージバンク ·························· 117, 266
色番号 ································· 57
インスタンス ························· 159
インスタンス変数 ····················· 164
インデックス ························· 95
インデント ·························· 66
押し戻し処理 ························ 238
オブジェクト ························· 159

か行

画素（ピクセル） ······················ 56
関数 ································· 56
関数定義 ····························· 66
キーの名前 ·························· 133
キーワード引数 ························ 67
クラス ······························ 108
クラス変数 ·························· 164
繰り返し処理 ························· 68
コマンドプロンプト ···················· 20
コメント ····························· 48
コメントアウト ························ 48
コンストラクタ ······················· 165

さ行

サウンド ·························· 119, 275
サウンドエディタ ···················· 119, 275
三項演算子 ·························· 103
参照 ································· 163
算術演算子 ··························· 33
辞書 ································· 218
実行モード ··························· 31
ジャンプ処理 ························ 247
衝突判定 ·························· 152, 195
数値 ································· 33
スクロール処理 ······················ 223

た行

ターミナル ··························· 24
代入 ································· 62
タイマー処理 ······················ 144, 147
タイル画像 ·························· 219
タイル座標 ·························· 220
タイルマップ ······················ 219, 271
タイルマップエディタ ················· 220, 271
対話モード ·························· 31, 32
タプル ···························· 149, 186
チャンネル ························· 143, 174

は行

パッケージ ·························· 210
比較演算子 ··························· 84
引数 ································· 55
プログラミング言語 ···················· 14
ブロック ····························· 66
分岐処理 ····························· 84
変数 ································· 62

ま行

ミュージック ······················ 173, 282
ミュージックエディタ ················· 173, 282
無限ループ ··························· 78
命令 ································· 33
メインモジュール ···················· 213
文字列 ······························ 33
モジュール ·························· 210
戻り値 ······························ 72

や行・ら行

要素 ································· 95
リスト ···························· 95, 186
累算代入演算子 ······················ 81
論理演算子 ·························· 153

STAFF

著者　リブロワークス

「ニッポンのITを本で支える！」をコンセプトに、IT書籍の企画、編集、デザインを手がける集団。デジタルを活用して人と企業が飛躍的に成長するための「学び」を提供する（株）ディジタルグロースアカデミアの1ユニット。SE出身のスタッフが多い。最近の著書は『60分でわかる！情報I超入門』（技術評論社）、『自分の可能性を広げる ITおしごと図鑑』（くもん出版）、『Copilot for Microsoft 365 ビジネス活用入門ガイド』（SBクリエイティブ）など。
https://libroworks.co.jp/

監修・著者　北尾 崇

元ゲーム開発者。代表作は『METAL GEAR SOLID』（企画、ムービー制作）、『ZONE OF THE ENDERS』シリーズ（メインプログラマー、ゲームデザイン）。現在はテクノロジー・エンターテインメント企業でXR（AR/VR/MR）技術の研究開発を統括。個人では、オープンソースのゲームエンジン「Pyxel」の開発を手掛け、幅広いクリエイターに新たな表現の場を提供している。
https://x.com/kitao

イラスト　野口登志夫

イラストレーター。代表作は『ZONE OF THE ENDERS』シリーズ（メカ設定）、『METAL GEAR SOLID 2: SONS OF LIBERTY』（背景デザイン）、『新・光神話 パルテナの鏡』（キャラクターデザイン（一部））など。

ゲームドット絵　Adam

8ビット風レトロゲームを得意とするピクセルアーティスト兼ゲーム開発者。
https://x.com/helpcomputer0

ゲーム音楽　桐岡麻季

ゲーム・アニメを中心に活躍する作編曲・作詞家。代表作は『ANUBIS ZONE OF THE ENDERS』（主題歌、BGM）、『ZONE OF THE ENDERS』（ED主題歌、BGM）、『ときめきメモリアル ドラマシリーズ』（ED主題歌、挿入歌、BGM）、『アナザーエデン 時空を超える猫』（BGM、歌唱曲）など。
http://maki-kirioka.com

■お問い合わせについて
本書の内容に関するご質問は、書籍サポートページの問い合わせフォームからお送りいただくか、下記の宛先までFAXまたは書面にてお送りください。電話によるご質問、および本書に記載されている内容以外の事柄に関するご質問にはお答えできかねます。あらかじめご了承ください。

〒162-0846
東京都新宿区市谷左内町21-13
株式会社技術評論社　第5編集部
「ゲームで学ぶPython！　Pyxelではじめるレトロゲームプログラミング」質問係
FAX 番号　03-3513-6173
書籍サポートページ　　　https://gihyo.jp/book/2025/978-4-297-14657-3

なお、ご質問の際に記載いただいた個人情報は、ご質問の返答以外の目的には使用いたしません。また、ご質問の返答後は速やかに破棄させていただきます。

●カバー・本文デザイン　　　風間篤士（リブロワークス デザイン室）
●編集・DTP　　　　　　　　リブロワークス
●担当　　　　　　　　　　　鷹見成一郎

ゲームで学ぶPython！
Pyxelではじめるレトロゲームプログラミング

2025年　2月 8日　初版　第1刷発行
2025年　5月17日　初版　第2刷発行

著者　　　　リブロワークス
監修・著者　北尾　崇
発行者　　　片岡　巖
発行所　　　株式会社技術評論社
　　　　　　東京都新宿区市谷左内町21-13
　　　　　　電話　03-3513-6150　販売促進部
　　　　　　　　　03-3513-6177　第5編集部
印刷／製本　株式会社シナノ

定価はカバーに表示してあります。

本書の一部または全部を著作権法の定める範囲を超え、無断で複写、複製、転載、テープ化、ファイルに落とすことを禁じます。

©2025　リブロワークス、北尾　崇

造本には細心の注意を払っておりますが、万一、乱丁（ページの乱れ）や落丁（ページの抜け）がございましたら、小社販売促進部までお送りください。送料小社負担にてお取り替えいたします。

ISBN 978-4-297-14657-3 C3055
Printed in Japan